I0040462

TRAITÉ

THÉORIQUE ET PRATIQUE

DE LA

STATISTIQUE DES DOUANES

Par **M. GIRAUD**,

Contrôleur aux archives commerciales

A MARSEILLE

~~~ 〜✺〜 ~~~

MARSEILLE.

TYPOGRAPHIE ET LITHOGRAPHIE BARLATIER-FEISSAT PÈRE ET FILS,

RUE VENTURE, 19.

--

JUILLET
1868.

I

INTRODUCTION.

———

Depuis quelques années la statistique des importations et des exportations a fixé l'attention des esprits qui se préoccupent de nos intérêts commerciaux ; il paraît opportun d'étudier en détail les bases de cette statistique et les procédés par lesquels on l'établit.

Mon but est de *vulgariser,* parmi ceux de mes camarades qui n'auraient aucune notion de la balance du commerce, tout ce que j'ai pu apprendre par une longue pratique de cet important service, et d'indiquer à ceux qui possèdent déjà ces notions, les moyens mis en usage pour arriver à l'exactitude et surtout à la célérité commandées par les nouvelles exigences qui se manifestent à l'égard de notre statistique.

Cette publication n'était d'abord destinée qu'à MM. les employés de l'administration des Douanes ; mais quelques amis compétents, appartenant au commerce et à l'industrie, et connaissant le plan que je me suis tracé, m'ont fait comprendre que cette étude aurait le plus grand intérêt pour MM. les Membres de nos Chambres de commerce. Tout ce qui touche aux importations, aux entrepôts, aux transbordements, aux admissions-temporaires, au transit, aux exportations et cabotage ne saurait, en effet, être négligé par le chef d'une grande maison commerciale.

L'usage a consacré dans la statistique des Douanes un certain nombres d'expressions destinées à définir la nature des diverses opérations de ce service; pour faciliter l'étude de cette statistique, il importe de définir ces expressions et d'indiquer la signification exacte qu'il faut leur attribuer.

On entend, par *commerce général à l'importation*, tous les produits étrangers qui entrent en France, par un bureau de douanes frontière de terre ou de mer, soit qu'au moment de leur arrivée ils passent à la consommation, soit qu'ils aillent à toute autre destination. Le *commerce spécial*, au contraire, ne comprend que les marchandises qui sont livrées à la consommation.

Par *commerce général à l'exportation*, on entend toutes les marchandises exportées françaises, francisées et étrangères; et par *commerce spécial* les quantités de marchandises françaises ou nationalisées, exportées.

Par *consommation*, on entend la faculté qu'a tout particulier de disposer à sa guise de la marchandise dont il a régulièrement obtenu main levée, par le service des douanes.

Par *permis* ou *déclaration*, il faut comprendre une *pièce imprimée ad hoc,* par laquelle le négociant déclare, sous les peines de droit, vouloir faire entrer en France, une marchandise étrangère, définie dans les termes des tarifs officiel ou conventionnel. Sur cette pièce, après visa par le préposé des douanes chargé de surveiller le débarquement ou l'introduction de la marchandise, le vérificateur établit son résultat de visite, qui sert de base à la liquidation des droits, quand il y a lieu.

Le mot *transbordement* signifie qu'une marchandise, formant partie de la cargaison d'un navire, passe, dès son arrivée dans un port de France, du navire importateur sur un autre bâtiment en partance pour l'étranger ou pour un port de France.

Le *transit* est la faculté qu'a le commerce de faire passer des marchandises étrangères à travers le territoire français, sans payer aucun droit, pour les expédier du point d'arrivée, sur un autre point déterminé de sortie, par où doit s'effectuer son passage définitif à l'étranger.

Il y a deux sortes de transit: le *transit ordinaire* et le *transit international*. Le premier est applicable aux marchandises qui empruntent nos routes ordinaires, le second est relatif aux produits transportés par les voies ferrées, sous des conditions particulières.

Par *admissions-temporaires*, on entend les matières premières qui, placées sous ce régime, doivent être mises en œuvre en France ou y recevoir un complément de fabrication, en attendant l'exportation des produits fabriqués en compensation.

Par les mots *chantage* ou *chanter*, il faut entendre un chiffre exprimant des quantités relevées en détail par un employé qui les donne verbalement et totalisées à un de ses camarades qui aurait dû les relever en détail pour la régularité de ses comptes, et qui s'en trouve ainsi dispensé. Le chantage est donc une simplification de travail dans les écritures.

Le mot *réexportation* signifie renvoi à l'étranger d'une marchandise primitivement entrée en France, soit qu'elle sorte des entrepôts, soit qu'elle ait été transbordée dans le port dès son arrivée.

La part que j'ai prise, en 1862-1863, à la transformation des écritures tenues à la section de la Balance du commerce à Marseille, antérieurement à ces époques, m'autorise à prendre pour base de mon travail l'organisation actuelle de ce bureau qui nous a valu, ces dernières années, les éloges les plus flatteurs de M. le Directeur Général de l'administration.

Il est inutile de faire remarquer que cette réorganisation du service de la statistique a été opérée avec l'assentiment des chefs locaux et était appprouvée particulièrement par notre ancien Directeur, l'habile M. Gasc, qui n'a cessé, dès mes débuts au contrôle de la Balance du commerce, de m'entourer de sa bienveillante sollicitude, jusqu'au *cruel* et *fatal* moment qui nous a séparés de lui.

Je suis heureux d'avoir une occasion pour rendre public l'hommage de ma profonde gratitude envers ce digne et regretté Directeur.

II

Ancienne organisation du service de la Statistique à Marseille.

———

Il n'est pas sans intérêt, pour l'intelligence des procédés de statistique que nous allons étudier, de donner un aperçu sommaire de ce qu'était l'organisation, du bureau de la Balance du commerce à Marseille jusqu'au mois de janvier 1862.

1° Service de l'importation. — Quatre employés étaient attachés à ce service qui se subdivisait en deux parties : *commerce général* et *commerce spécial*. Deux de ces employés relevaient les permis relatifs aux opérations du commerce général, les deux autres étaient chargés des permis du commerce spécial. Le dépouillement de ces permis et l'établissement des registres servant à cette opération laissaient beaucoup à désirer, ainsi que l'on en pourra juger.

Les deux employés de chacune de ces subdivisions établissaient d'abord leurs feuilles de dépouillements, série E n° 40 ; elles étaient plus tard reliées en volumes dont le nombre variait de vingt à vingt-cinq pour chaque subdivision.

Ces employés avaient soin de prendre, pour point de départ de ce travail préparatoire, les registres de l'année précédente, sur lesquels les onze cents articles de la nomenclature officielle d'entrée se trouvaient généralement tous repris, dans l'ordre des diverses puissances. C'est l'ordre dans lequel nous devons les présenter sur les états généraux annuels.

Il résultait de ce mode de procéder que les deux subdivisions dressaient en même temps, deux jeux de registres pour dépouiller, le plus souvent, une seule et même catégorie de marchandise, soit qu'au moment de son inscription elle ne dût réellement figurer qu'au commerce général, (s'il s'agissait d'une entrée immédiate en entrepôt), soit qu'elle ne dût être reprise plus tard qu'au commerce spécial, (quand cette même marchandise, sortant d'entrepôt, était livrée à la consommation).

Le dépouillement des permis était encore plus défectueux que l'établissement des registres ; supposons que des produits fussent déclarés en débarquement pour la consommation, les deux employés du commerce spécial dépouillaient le matin trois ou quatre cents permis relatifs à ces produits et manipulaient leurs vingt-cinq registres pour y caser les marchandises variées qu'ils avaient à relever, par pays de provenances dont le nombre est fort considérable à Marseille; le soir ou le lendemain, les deux employés de la subdivision du commerce général reprenaient ces mêmes trois ou quatre cents permis, pour opérer identiquement la même besogne sur vingt-cinq autres registres.

Il n'existait, à cette époque, aucun moyen de contrôle qui permit au service d'importation de s'assurer que le chiffre des droits inscrits dans la journée sur les registres de dépouillements de la Balance du commerce, formait le total des perceptions qu'accusaient les registres de recette.

L'on attendait, pour établir ces rapprochements que les minutes des états annuels d'importation fussent complètement terminées, ce qui n'avait lieu que quarante-cinq jours environ après la clôture de l'exercice.

2° Service de l'exportation. —La diffusion n'y était pas moins choquante qu'au service d'importation.

D'abord quelques employés étaient chargés de relever les marchandises nationales exportées, un autre dépouillait les produits expédiés dans nos colonies (Algérie comprise), et enfin un autre employé tenait les écritures des marchandises étrangères réexportées.

Pour satisfaire aux besoins d'un pareil service, les employés de ces trois subdivisions de l'exportation étaient obligés de monter un grand nombre de registres, et d'y dépouiller souvent les mêmes catégories de marchandises, ce qui occasionnait un travail considérable, en pure perte.

Lorsqu'arrivait la fin du mois, les écritures tenues ainsi en partie triple étaient partiellement arrêtées ; les totaux étaient ensuite réunis en un bloc général qui servait à l'établissement de l'état des principales marchandises que l'on fournissait alors.

En fin d'année, les quantités relevées séparément par le service des réexportations et par celui des colonies, étaient *chantées*, article par article et par destinations, aux employés chargés des écritures de simples exportations qui, à leur tour, les groupaient avec les chiffres du transit et des admissions temporaires (sortie) chantés d'autre part.

Si l'on ajoute, aux inconvénients que je viens de faire ressortir, la connaissance parfaite des nomenclatures que cette organisation exigeait de la part des employés, on aura une faible idée des nombreuses difficultés que rencontraient les agents de l'administration dans l'accomplissement de leur tâche.

III

Nouvelle organisation du service
de la Statistique à Marseille.

———◆———

L'historique abrégé que j'avais à présenter sur l'ancienne organisation intérieure du bureau des archives commerciales étant terminé, j'arrive naturellement à l'exposé du nouveau système que j'étais autorisé à faire fonctionner.

L'organisation et la distribution du travail, de cette section, devaient uniquement reposer sur les vingt-sept chapitres du tarif général reproduits dans les nomenclatures officielles d'entrée et de sortie, qui sont la base des dépouillements statistiques.

Ce principe établi, il était indispensable, pour la distribution du travail, de tenir un grand compte de l'importance relative des chapitres qui n'ont entre eux aucun rapport, quant aux articles qui les composent. Il était encore essentiel de prendre en sérieuse considération l'aptitude plus ou moins spéciale, et la célérité, plus ou moins grande des employés attachés à ce service.

Enfin la simplicité du mécanisme administratif exigeait que l'on supprimât immédiatement le double et triple jeu des registres qui existaient dans l'ancien système et que l'on pût n'employer qu'une série de registres pour l'importation et une autre série pour l'exportation.

Mais comme au 10 décembre 1861, époque à laquelle l'intérim du contrôle de la Balance du commerce me fut confié, tous les registres d'importation et d'exportation étaient déjà montés d'après les anciens errements, je dus à la hâte les faire remonter conformément à mes vues, pour que les employés qui seraient chargés du service d'importation n'eussent plus à reprendre deux fois trois ou quatre cents permis, pour les passer alternativement au Commerce spécial le matin, et au Commerce général le soir, ainsi que je l'ai précédemment indiqué ; ils devaient pouvoir en une seule fois, en faire écriture simultanément aux deux commerces, et éviter ainsi la perte de temps qu'exigeait la manipulation de nombreux registres qui n'avaient en réalité que la même destination, puisqu'il s'agissait d'y inscrire une seule et même catégorie de marchandises, ayant toujours les mêmes provenances.

Ces dispositions préliminaires et indispensables étant achevées, je distribuai six à sept registres, suivant l'importance des chapitres qu'ils comprenaient, à chacun des quatre employés chargés primitivement des deux subdivisions de l'importation, en leur adjoignant un cinquième employé qui était disponible dans la section. Chacun d'eux dut relever aux deux commerces, quand il y avait lieu, tous les articles de marchandises ressortissant des registres qui leur étaient affectés, en particulier.

Quant au service d'exportation, les trois subdivisions qu'il comprenait précédemment furent réduites à une seule, ou plutôt furent supprimées et les employés qui en demeuraient chargés reçurent le mandat de dépouiller, à la fois, les permis de simple exportation pour l'étranger ou pour nos colonies et les permis relatifs aux réexportations.

Ces diverses combinaisons avaient pour résultat immédiat, tout en réduisant considérablement le travail des employés, de faire cesser la fatigante manipulation de nombreux registres, et de ne plus exiger des agents de l'administration la connaissance entière des nomenclatures qu'ils avaient besoin de posséder, avant la nouvelle organisation; il leur suffisait désormais de bien connaître la partie de nomenclature, relative à leur service particulier.

En développant le mécanisme de l'ancienne et de la nouvelle organisation intérieure du bureau de la Balance de commerce, j'ai essayé de mettre mes lecteurs douaniers en état de juger lequel des deux systèmes est préférable; il me reste à entrer dans le détail des opérations administratives du système qui a prévalu.

IV

Intérieur du Bureau.

———

Le bureau des archives commerciales ne se borne pas à constater l'importation et l'exportation; il comprend quelques autres services, sur la composition desquels il convient de nous arrêter un moment.

Ces services ont pour objet :

1° Le trafic des marchandises en entrepôts réel ou fictif, tant à l'entrée qu'à la sortie.

2° Les marchandises placées sous le régime des admissions-temporaires.

3° Le transit ordinaire et international, sortie.

4° Le mouvement des produits français expédiés de Marseille, en cabotage, sur un de nos ports de la Méditerranée ou de l'Océan.

Deux fois par jour, les permis entièrement régularisés parviennent au bureau de la Balance du commerce par l'entremise des diverses sections ou par celle de la visite.

Le total des permis, de toute nature qui, par année, arrivent ainsi à cette section, s'élève à quatre cent mille, (chiffre rond.)

Les permis, ressortissant des services divers ou spéciaux, vont directement entre les mains des employés qui doivent en faire écriture.

Quant aux permis, relatifs aux importations et aux exportations, ils vont dans une case réservée à ces deux services, pour être ensuite distribués par les soins de deux employés dont la consigne, lorsque le permis a plusieurs articles, est de suivre pour leurs répartitions, l'ordre des nomenclatures officielles d'entrée et de sortie; c'est-à-dire qu'un permis étant donné, le premier employé dépouille tous les articles qui le concernent, fait une marque pour indiquer les quantités et les droits relevés par lui; repasse ensuite le permis à son camarade dont les chapitres succèdent aux siens et ainsi de suite, jusqu'à l'épuisement complet des articles du permis.

Les permis dépouillés dans la journée sont déposés sur le bureau du contrôleur qui les parcourt sommairement et retient par devers lui ceux qu'il se propose de comparer avec les registres de dépouillements; il s'assure ainsi, par de larges épreuves, qu'ils ont été relevés convenablement; cela fait, les permis vérifiés la veille sont réunis avec ceux non examinés dans la journée, et remis au planton du bureau qui est chargé de les timbrer un-à-un de la marque B, et de les faire parvenir ensuite aux diverses sections d'où ils émanent.

V

Importations.

L'entrée en France, des produits de toute nature, par les bureaux frontière de terre et les marchandises qui forment la cargaison des navires arrivant des pays étrangers ou de nos colonies, *(Algérie comprise)*, constituent ce qu'on appelle, en Douane, le commerce d'importation.

Les marchandises, exemptes de droits à l'entrée, doivent figurer sur les états d'importation au commerce général, et aussi quand elles sont déclarées pour la consommation, au commerce spécial, au même titre et avec les mêmes divisions que les marchandises passibles de droits. (Circulaire lithographiée du 24 décembre 1854.)

L'importation se compose du commerce général et du commerce spécial. (Circulaire du 8 juillet 1825.)

Le commerce général comprend les quantités de marchandises importées, soit pour la consommation, soit pour les

2

entrepôts et celles qui sont placées sous le régime des admissions-temporaires, soit pour la réexportation immédiate (transbordements) soit pour le *transit direct*, c'est-à-dire avec destination pour l'étranger.

Le commerce spécial, au contraire, ne comprend que les
quantités de marchandises importées pour la consommation et
celles qui sortent d'entrepôts aux mêmes fins.

Il faut conclure de ce qui précède que toutes les marchandises importées doivent être reprises au commerce général,
mais cette inscription au commerce général n'a pas toujours
lieu dans le bureau par lequel s'effectue l'entrée de la marchandise en France.

Il résulte d'une disposition de la circulaire lithographiée du
17 mai 1858, qu'à l'égard des marchandises déclarées, au
moment de leur importation, pour être dirigées sous le régime
des transports internationaux, par les voies ferrées, sur d'autres
douanes du littoral, de l'intérieur, ou des frontières de terre,
une distinction essentielle est à faire.

S'il s'agit d'une opération de transit direct, le bureau d'entrée est appelé à en constater le commerce général ; dans le
cas contraire, c'est-à-dire si les marchandises sont appelées à
être placées, au lieu de destination, sous le régime de l'entrepôt, sous celui des admissions-temporaires ou sous toute autre
régime, c'est la douane du lieu de destination qui doit les
prendre en compte au commerce général et au commerce
spécial, s'il y a lieu.

Mais il arrive souvent qu'une marchandise expédiée de
Marseille, par les voies ferrées, sous le régime qui lui est spécial,
en continuation d'entrepôt sur les douanes de Paris ou du Havre,
par exemple, ne reçoit pas la destination qui lui avait été
d'abord assignée et qu'au contraire on la dirige à l'étranger ;
dans cette hypothèse, c'est au bureau de Marseille, par où
l'importation s'est effectuée, qu'appartient le soin de la reprendre

au commerce général, quand la soumission acquit-à-caution lui fait retour, convenablement annotée. Inversement, si la marchandise primitivement déclarée pour le transit direct, par les chemins de fer ouverts au service international, subissait un changement de destination en cours de voyage sur le territoire Français, c'est-à-dire si elle était consommée sur place au bureau par où elle devait sortir de France, il appartiendrait à ce dernier bureau de la reprendre au commerce général et au commerce spécial. Le bureau d'entrée qui en aurait préalablement fait écriture au commerce général, devrait l'effacer de ses comptes quand la soumission acquit-à-caution, convenablement annotée, lui parviendrait. (Lettre du 7 juillet 1859, au Directeur, à Valenciennes.)

Indépendamment des constatations auxquelles les produits de la grande pêche et sels donnent lieu dans les états-généraux de notre mouvement commercial extérieur, ces produits, admis au privilége de la pêche nationale, sont l'objet de relevés spéciaux qui sont fournis à l'administration. Les indications portées sur l'état annuel série E n° 44 doivent concorder avec celles reprises dans l'état série S n° 113.

Les draches (graisse de poisson) qui figurent au net sur les états série S, tandis que les états généraux d'importation les présentent au poids brut, devront faire l'objet d'une note mise au bas de la page de ces derniers états, indiquant le poids net. Enfin les issues et les draches, qui ne sont pas nommément désignées sur les Etats série E, alors qu'elles le sont sur les Etats série S, devront être réunies sur les premiers de ces documents, les issues aux morues, et les draches aux huiles de poisson dont elles ne sont en définitive que les produits.

Les mêmes règles s'appliquent aux sels, à l'égard desquels il faut arriver, non seulement en matière d'importation et d'exportation, mais encore en fait de cabotage, à une concordance entre les états de la série E et ceux de la série O n° 242, fournis à l'administration sous le timbre de la 2me Division. (Circulaire lithographiée du 22 décembre 1854.)

Les marchandises françaises rapportées de l'étranger ou des colonies, et admises au bénéfice du retour, ne doivent point figurer dans les écritures de la statistique, en vertu des dispositions de la circulaire du 19 décembre 1853.

Souvent, en vertu de décisions spéciales de l'administration ou des chefs locaux, des marchandises sont dirigées des frontières sur l'entrepôt ou sur la douane de Paris, après simple vérification. Dans ce cas, c'est à la douane de Paris qu'incombe le soin de relever ces marchandises, non-seulement au commerce spécial, s'il y a lieu, mais encore au commerce général.

Les douanes frontières n'ont pas dès lors à faire état de ces marchandises; mais elles ne doivent jamais omettre de mentionner l'absence de vérification sur les acquits-à-caution dont ces sortes d'opérations motivent la délivrance (circulaire imprimée du 19 décembre 1853).

Quant aux marchandises provenant de sauvetage, tout porte à penser que l'on peut suivre à leur égard les dispositions de la circulaire que je viens de rappeler, c'est-à-dire que le bureau le plus rapproché du lieu où le sauvetage s'est opéré n'a pas à en faire écriture si les produits sauvetés sont dirigés sur une autre douane accompagnés d'un acquit-à-caution de cas imprévus, série M, n° 51 ; c'est à la douane de destination qu'appartient le soin de les prendre en compte au commerce général et au commerce spécial s'ils y passent, à la consommation ou sur les feuilles n° 6, entrée par importation directe, s'ils sont déclarés pour l'entrepôt, etc.

Mais si la marchandise sauvetée était réexpédiée pour l'étranger et si le bureau du lieu de sauvetage était ouvert aux importations de cette catégorie de marchandises, évidemment les employés de ce bureau auraient à les reprendre dans les écritures de la statistique, d'abord au commerce général entrée, et ensuite au commerce général sur les états de sortie.

Par une disposition de la lettre du 16 juin 1864, on doit faire écriture, au commerce spécial, comme au commerce général, de tous les sucres exotiques déclarés sous le régime de l'importation temporaire, sans exception de ceux qui seraient dirigés sur des raffineries de sucre indigène. D'où il suit que les sucres coloniaux ou étrangers, admis temporairement, doivent figurer aux deux commerces, tandis que toutes les autres marchandises placées à l'entrée sous ce régime, ne sont reprises qu'au commerce général.

Enfin, nous ferons encore une observation, qui concerne les objets bruts ou fabriqués destinés à la construction, au gréement, à l'armement et à l'entretien des bâtiments de mer pour le compte des arsenaux de l'Etat ou de la marine commerciale et qui sont actuellement importés en vertu des décrets du 17 octobre 1855 et du 18 juin 1866 ; tous ces objets ainsi introduits en franchise doivent être repris à la fois au commerce général et au commerce spécial. (Lettre du 16 novembre 1866.)

Il entre dans le plan que je me suis tracé, de présenter, successivement, des tableaux démonstratifs pour expliquer les formes d'écritures à donner aux opérations diverses que j'aurai à passer en revue.

Les deux premiers tableaux que je vais examiner ne sont en réalité que la reproduction des permis dépouillés sur les feuilles série E n° 40. Ils mettent sous les yeux du lecteur les moyens usités pour reconnaître si les chiffres portés à la colonne des droits (*Commerce spécial*), sont rigoureusement en rapport avec ceux des registres de recette. J'ai dressé ces premiers tableaux dans l'hypothèse que les diverses opérations qui s'y rattachent, appartiennent à la même journée.

TABLEAU N° 1.

Modèle relatif aux dépouillements de marchandises à l'entrée, feuilles série E n° 40

NUMÉROS de recette ou numéros des permis quand la marchandise jouit de la franchise.	COMMERCE GÉNÉRAL.				COMMMERCE SPÉCIAL.					
	QUANTITÉS ENTRÉES				QUANTITÉS MISES EN CONSOMMATION					
	PAR NAVIRES			Total.	Par navire français au droit de 16 les °/₀ k		Par navire français au droit de 17 60 les °/₀ k.			Décime des droits qui en sont passibles.
	Français.	de la puissance	pavillon tiers.		Quantités	Droits perçus.	Quantités	Droits perçus.		
Farineux alimentaires. —				**Blé froment.** **Russie Mer Noire.**						
4 D. C.	61,350	»	»	61,350	61,350	306	75	»	»	»	61	3
5 D. C.	»	120,917	»	120,917	»	»	»	120,917	604	59	120	9
7 D. C.	»	»	123,575	123,575	»	»	»	123,575	617	88	123	5
2 S. E.	»	»	»	»	100,000	500	»	»	»	»	100	
4 S. E.	»	»	»	»	»	»	»	200,000	1,000	»	200	
9 D. C.	119,305	»	»	119,305	119,305	596	53	»	»	»	119	3
11 D. C.	»	31,150	»	31,150	»	»	»	31,150	155	75	31	1
6 S. E.	»	»	»	»	142,250	711	25	»	»	»	142	2
8 S. E.	»	»	»	»	»	»	»	108,150	540	75	108	1
13 D. C.	»	»	114,514	114,514	»	»	»	114,514	572	57	114	5
12 S. E.	»	»	»	»	»	»	»	147,160	735	80	147	
	180,655	152,067	238,089	570,811	422,905	2,114	53	845,466	4,227	34	1,268	
Fruits et Graines. —				**Fruits secs ou tapés** (autres). — **États Barbaresques** au droit de 16 les °/₀ kil.						
15 D. C.	1,329	»	»	1,329	1,329	212	64	»	»	»	42	5
17 D. C.	2,640	»	»	2,640	2,640	422	40	»	»	»	84	4
10 S. E.	»	»	»	»	1,758	281	28	»	»	»	56	2
12 S. E.	»	»	»	»	600	96	»	»	»	»	19	2
14 S. E.	»	»	»	»	1,970	315	20	»	»	»	63	0
19 D. C.	826	»	»	826	826	132	16	»	»	»	26	4
21 D. C.	1,387	»	»	1,387	1,387	221	92	»	»	»	44	
16 S. E.	»	»	»	»	941	150	56	»	»	»	30	
18 S. E.	»	»	»	»	1,191	190	56	»	»	»	38	
23 D. C.	842	»	»	842	842	134	72	»	»	»	26	9
25 D. C.	100	»	»	100	100	16	»	»	»	»	3	2
	7,124	»	»	7,124	13,584	2,173	44	»	»	»	434	7

Nota. — Par navire de la puissance on entend le pavillon qui appartient au pays d'où la marchandise arrive et par pavillon tiers, tous les navires autres que français qui importent des produits ne provenant pas de leur nation.

Nous croyons devoir faire remarquer que le format de notre brochure ne nous a pas permis d'introduire, dans les divers tableaux, toutes les colonnes que renferment les feuilles de dépouillements série E n° 40 et 41. Par suite on s'est dispensé d'y reprendre celles relatives aux importations et aux exportations *par terre.*

TABLEAU N° 2.

Modèle relatif aux dépouillements des marchandises à l'entrée, feuilles série E n° 40.

NUMÉROS de recette ou numéros des permis quand la marchandise jouit de la franchise.	COMMERCE GÉNÉRAL.				COMMERCE SPÉCIAL.				
	QUANTITÉS ENTRÉES				QUANTITÉS MISES EN CONSOMMATION.				
	PAR NAVIRES			Total.	Par navires français au droit de 50 40 D. C.		Par navires étrangers au droit de 55 40 D. C.		
	Français.	De la puissance.	Pavillon tiers.		Quantités.	Droits perçus.	Quantités.	Droits perçus.	
Denrées Coloniales.					**Café.** Brésil.				
31 D. C.	1,284	»	»	1,284	1,284	647	14	»	»	»
20 S. E.	»	»	»	»	1,325	667	80	»	»	»
22 S. E.	»	»	»	»	1,321	665	79	»	»	»
33 D. C.	758	»	»	758	758	382	04	»	»	»
24 M. E.	»	»	»	»	»	»	»	198	109	70
26 S. E.	»	»	»	»	»	»	»	1,173	649	85
55 D. C.	1,345	»	»	1,345	1,345	677	88	»	»	»
28 S. E.	»	»	»	»	1,271	640	59	»	»	»
	3,387	»	»	3,387	7,304	3,681	24	1,371	759	55
Sucs Végétaux.					**Huile d'Olive.** Italie au droit de 3 fr. les °/₀ kil. D. C.				
37 D. C.	9,097	»	»	9,097	9,097	272	94	»	»	»
39 D. C.	5,437	»	»	5,437	5,437	163	11	»	»	»
41 D. C.	8,340	»	»	8,340	8,340	250	20	»	»	»
32 S. E.	»	»	»	»	10,000	300	»	»	»	»
34 S. E.	»	»	»	»	11,453	343	59	»	»	»
36 S. E.	»	»	»	»	20,000	600	»	»	»	»
	22,874	»	»	22,874	64,327	1,929	81	»	»	»
Ouvrages en matières diverses					**Cordages de Chanvre.** Italie au droit de 15 fr. les °/₀ kil. D. C.				
43 D. C.	344	»	»	344	344	51	60	»	»	»
45 D. C.	150	»	»	150	150	22	50	»	»	»
47 D. C.	259	»	»	259	259	38	85	»	»	»
250 D. C.	»	400	»	400	»	»	»	400	Franchise constructions navales.	
49 D. C.	1,000	»	»	1,000	1,000	150	»	»	»	»
38 S. E.	»	»	»	»	600	90	»	»	»	»
40 S. E.	»	»	»	»	800	120	»	»	»	»
	1,753	400	»	2,153	3,153	472	95	400	»	»

Il résulte des tableaux 1 et 2 que les opérations marquées D C, à la première colonne, se rapportant à des marchandises en débarquement pour la consommation, figurent à la fois au commerce général et au commerce spécial, tandis que celles marquées des initiales S E, qui représentent les marchandises sortant d'entrepôt, ne sont prises en compte qu'au commerce spécial. La raison en est facile à comprendre, ces dernières marchandises ont été déjà relevées au commerce général au moment de leur entrée en entrepôt et si on les reprenait une seconde fois à ce dernier commerce, la balance des comptes serait faussée.

Quant à la quantité inscrite *Café*, sous les initiales M E, elle ne figure également qu'au commerce spécial, parce qu'il s'agit dans cette circonstance, d'un *exemple, de* 198 *kil. de café* qui seraient arrivés à Marseille en mutation d'entrepôt d'autres douanes maritimes. Cette inscription au commerce spécial suffit car le bureau qui les avait primitivement reçus les avait déjà dépouillés au commerce général d'importation. Toutefois, ces 198 kil. de café, doivent être à la douane de Marseille, repris en outre sur un registre spécial qui sert d'élément pour la confection de l'état annuel série E, n° 54 (2me partie).

Je passe maintenant aux explications des mains courantes créées pour servir de contrôle aux opérations. Leur but est de vérifier la concordance du chiffre des droits en regard des quantités de marchandises dépouillées par la balance, avec le chiffre des droits accusés dans la même journée, par les registres de liquidation ou de recette.

Lorsque chaque employé du service d'importation a par devers lui tous les permis de débarquement ou de sorties d'entrepôt, passibles de droits, ressortissant de ses attributions, il relève d'abord un-à-un, sur sa main courante individuelle, les articles liquidés qui appartiennent au même chapitre et au fur et à mesure qu'il passe écriture des quantités ainsi que des droits y afférents, sur ses registres de dépouillements, il fait un signe en regard du chiffre correspondant porté sur sa main courante.

Exemples se rapportant au service des employés affectés à l'importation :

Farineux alimentaires.	Fruits et Graines.	Denrées coloniales.	Sucs végétaux.	Ouvrages en matières diverses.
306.75	16. »	677.88	600. »	120. »
604.59	212.64	640.59	343.59	
617.88	134.72	382.04	272.91	51.60
500.00	422.40	649.85	163.11	150. »
1,000.00	190.56	109.70	250.20	90. »
596.53	281.28	665.79	300. »	22.50
711.25	150.56	667.80		38.85
540.75	96. »	647.14		
155.75	221.92			
735.80	315.20			
572.57	132.16			
6,341.87	2,173.44	4,440.79	1,929.81	472.95

RÉCAPITULATION DES CHIFFRES.

Farineux alimentaires.............. 6,341.87
Fruits et graines 2,173.44
Denrées coloniales................. 4,440.79
Sucs végétaux.................... 1,929.81
Ouvrages en matières diverses 472.95

Total de la journée du 15,358.86

On voit que les détails par chapitre correspondent parfaitement aux diverses opérations énoncées dans les deux tableaux qui précèdent et doivent conséquemment produire en somme les recettes effectuées, et il n'est pas douteux que si le chiffre de la récapitulation, s'élevant à 15,358.86, n'est pas rigoureusement égal à celui qu'a accusé la liquidation, une erreur a été commise à la balance, soit à la liquidation. Il est toujours aisé de rectifier cette erreur en la recherchant sans retard.

Quant aux décimes des droits qui en sont passibles, on a pensé qu'il est superflu de les établir aussi sur les mains-courantes, par la raison que l'on peut toujours, sans trop de peine, à l'aide des droits en principal relevés sur les registres de dépouillements, s'apercevoir qu'on a omis ou mal porté les décimes se rapportant à une liquidation.

Ce système de dépouillement des permis et d'établissement des mains-courantes fonctionne à Marseille où j'ai contribué à l'introduire ; il offre à la fin de l'année de tels avantages que je ne saurais trop le recommander à ceux de mes camarades qui n'ont pas encore renoncé aux anciens procédés.

En présentant plus bas, sur le tableau n° 3, les diverses opérations de statistique que j'avais à passer en revue et qui complètent celles qui constituent le commerce général d'importation, je me réserve de les étudier avec plus de détails dans les quatre chapitres suivants que je place avec intention entre les chapitres Importations et Exportations, à cause de l'affinité qu'ils ont avec les matières ressortissant de ces chapitres.

Pour faciliter l'intelligence du dit tableau j'ai marqué de l'initiale E les opérations qui se rapportent à des entrées en entrepôt ; de RT, celles de réexportations immédiates (*Transbordements*) ; de AT, celles des admissions temporaires ; de TO, celles de transit ordinaire, et enfin de TI celles qui sont relatives au transit international.

TABLEAU N° 3.

dèle relatif aux dépouillements des marchandises à l'entrée, feuilles série E n° 40.

MÉROS recette numéros des ermis and la chandise uit de anchise.	COMMERCE GÉNÉRAL.				COMMERCE SPÉCIAL.			
	QUANTITÉS ENTRÉES				QUANTITÉS MISES EN CONSOMMATION			
	PAR NAVIRES			Total.	Par navires français au droit de		Par navires étrangers au droit de	
	Français.	De la puissance.	Pavillon tiers.		Quantités.	Droits perçus.	Quantités.	Droits perçus.
Denrées Coloniales.				**Cafés.** _Vénézuela._				
E.	50,000	»	»	50,000	»	»	»	»
E.	»	»	5,000	5,000	»	»	»	»
R. T.	6,000	»	»	6,000	»	»	»	»
R. T.	14,000	»	»	14,000	»	»	»	»
T. O.	1,500	»	»	1,500	»	»	»	»
T. O.	»	»	2.000	2,000	»	»	»	»
T. I.	8,000	»	»	8,000	»	»	»	»
T. I.	4,000	»	»	4,000	»	»	»	»
	83,500	»	7,000	90,500	»	»	»	»
Métaux.				**Fers en barres.** _Angleterre._				
A. T.	50,000	»	»	50,000	»	»	»	»
A. T.	»	70,000	»	70,000	»	»	»	»
E.	»	»	100,000	100,000	»	»	»	»
A. T.	40,000	»	»	40,000	»	»	»	»
A. T.	»	30,000	»	30,000	»	»	»	»
	90,000	100,000	100,000	290,000	»	»	»	»

VI

Entrepôts.

L'entrepôt est un bâtiment affecté à recevoir les marchandises étrangères que l'on apporte volontairement, sans qu'elles soient encore destinées à la consommation en France. Le commerce se réserve le droit de les réexporter, s'il lui convient de les revendre à l'étranger.

L'entrepôt n'est en général créé que dans les localités où les besoins justifient les frais qu'exige cet établissement.

Il existe deux sortes d'entrepôts : le *réel* et le *fictif*.

L'entrepôt réel est un établissement gardé par la douane et fermant à deux clefs ; l'une est laissée au commerce, qui demeure gardien de sa marchandise et en assure la conservation ; l'autre est entre les mains de la douane dont le rôle est de veiller à ce que rien ne sorte des magasins à son insu. L'entrepôt réel, à Marseille, est situé à la Joliette, il se compose de vastes et confortables magasins appartenant à une Compagnie formée sous la raison sociale de Docks-Entrepôts.

L'entrepôt fictif est établi dans les maisons particulières dont la Douane n'a pas la clef, mais où elle est libre d'entrer pour s'assurer de l'existence des marchandises qui ne peuvent être déplacées qu'avec son autorisation, ou retirées qu'après le paiement des droits.

Bien que les marchandises placées à l'entrepôt réel ou fictif soient considérées comme étant hors du territoire français, elles doivent, en matière de statistique, être reprises au commerce général d'importation, lors de leur entrée en entrepôt.

Si au moment où les marchandises sortent d'entrepôt pour la consommation, les droits de douane ont augmenté depuis leur mise à l'entrepôt, le commerce ne peut pas réclamer l'application du tarif qui existait lors de l'entrée en entrepôt ; inversement l'administration ne peut pas refuser d'appliquer un droit réduit, sous le prétexte qu'à l'époque de l'arrivée de la marchandise la taxe était plus élevée (circulaire du 19 juillet 1825).

Les marchandises, qui de l'entrepôt vont à la consommation, sont inscrites à la fois au commerce spécial sur les registres de dépouillement d'entrée et sur les feuilles série E n° 6, dans la colonne intitulée Consommation.

Toutes les marchandises retirées de l'entrepôt réel ou fictif pour la réexportation sont d'abord déchargées du compte d'entrepôt n° 6, au vu des permis qui passent ensuite entre les mains des employés de l'exportation ; ceux-ci en font écriture au commerce général.

Les marchandises extraites des entrepôts pour le transit ou les mutations d'entrepôts suivent un système différentiel d'écritures en matière de statistique.

Les marchandises expédiées en transit ordinaire sont reprises en compte au bureau de la douane par lequel a lieu la sortie effective de France ; s'il s'agit de transports internationaux sur les frontières de terre, c'est le bureau d'expédition qui en doit faire écriture. Au contraire, si la sortie de France s'effectue par un bureau de mer, c'est ce dernier qui demeure chargé de les prendre en compte à la sortie (circ. lithog. du 17 mars, et circ. man. du 23 avril 1858, et circ. lithog. du 5 décembre 1859).

Si enfin, il s'agit d'une mutation d'entrepôt s'opérant par mer sur un autre port de France, le service des entrepôts, indépendamment du compte particulier des feuilles n° 6, doit les reprendre encore sur un registre spécial qui sert d'élément à l'état de mutation d'entrepôt, série E n° 54 (recto) fourni par la Balance du commerce, en fin d'année.

De son côté, le bureau qui reçoit ces marchandises doit, si elles sont réintégrées en entrepôt, les faire figurer sur les feuilles n° 6, à la colonne des quantités reçues par importations indirectes par mer ; en outre, il a soin de les porter sur un registre *ad hoc* qui sert à remplir le verso de l'état 54 déjà cité.

Si la marchandise expédiée en mutation d'entrepôt, passe à la consommation dès son arrivée au port de destination, c'est à ce dernier qu'il appartient de la faire figurer au commerce spécial d'entrée ; ce même bureau les inscrirait au commerce général sortie, si la marchandise était destinée pour la réexportation.

Il est bien entendu que dans ces deux dernières hypothèses, comme dans les deux précédentes, le service de la statistique ne doit jamais perdre de vue l'inscription nécessaire pour la formation de l'état 54, sur lequel, dans tous les cas, les bureaux de destination ou de provenance doivent toujours être nominativement désignés.

Je crois indispensable de rappeler ici que, par une lettre du 22 janvier 1852, l'administration a décidé que tous les travaux relatifs à la statistique commerciale de la Douane de Marseille doivent être centralisés à la section des archives commerciales, notamment ceux qui concernent le mouvement des entrepôts.

Cette dérogation à la circulaire imprimée du 13 janvier 1849 qui prescrit, aux contrôleurs attachés aux entrepôts, la tenue desfeuilles série E n° 6, servant d'élément à l'établissement des stocks, est d'une importance telle qu'elle mérite quelques développements.

Il est incontestable que la responsabilité du contrôleur des archives commerciales, déjà si grande à Marseille, se trouve notablement aggravée par l'adjonction à son service d'un travail qui devrait naturellement revenir à ses collègues des entrepôts. Mais en présence des bons résultats obtenus durant ces dernières années pour arriver au but que s'était proposé l'administration, lorsquelle avait créé les feuilles n° 6, il n'est pas permis de douter que le système imposé à la Douane de Marseille, ne soit préférable à la méthode contraire.

En effet, la circulaire du 13 janvier 1849, recommande aux contrôleurs d'établir à l'expiration de chaque *semestre* et au moyen du simple relevé des sommiers, le stock de chaque espèce de marchandise existant à la dite époque dans l'entrepôt auquel ils sont attachés et de rapprocher ce relevé des feuilles n° 6 ; à Marseille, tout en suivant les instructions édictées par cette circulaire, nous y avons ajouté, depuis quelques années, des comparaisons *trimestrielles* avec les registres de dépouillement d'importation et d'exportation série E n°ˢ 40 et 41 ; il suffit d'énoncer ce travail pour en faire apprécier tout le mérite et le service de la Balance du commerce n'aurait jamais pu l'exécuter sérieusement si la tenue des feuilles n° 6 s'était opérée ailleurs qu'au bureau de la statistique.

Je me réserve de développer au chapitre n° XIII, en quoi consistent ces rapprochements trimestriels et je me borne pour le moment à indiquer ici les moyens mis en pratique depuis 1863, pour les comparaisons qui doivent s'établir semestriellement avec les comptes ouverts d'entrepôt et avec les feuilles n° 6.

Pour prévenir les difficultés que pouvaient rencontrer ces rapprochements semestriels, surtout dans une douane comme celle de Marseille où le mouvement des marchandises qui vont à l'entrepôt ou qui en sortent est très-considérable, il a été réglé par un ordre de service du 11 octobre 1863 que ce travail s'opèrerait *mensuellement*, par les soins du sous-inspecteur de l'intérieur.

L'Inspecteur sédentaire s'est réservé de désigner, de concert avec ce sous-inspecteur, la liste des marchandises sur lesquelles doivent porter chaque rapprochement mensuel ; cette série de marchandises doit être assez étendue pour que le stock de tous les articles de la nomenclature d'entrée, puisse être ainsi contrôlé une fois par semestre conformément à la circulaire 2299.

Cette liste porte en tête la suscription suivante : « L'arrêté des « comptes aura lieu le..... au soir et les derniers permis régularisés « à cette date seront transmis dans la matinée du lendemain, avec « un bordereau détaillé, au sous-Inspecteur qui les fera parvenir « au contrôleur de la Balance du commerce. »

Dès qu'ils ont reçu communication de cette liste, les contrôleurs aux entrepôts procèdent à l'établissement du stock des marchandises qui leur sont ainsi désignées et lorsque leur travail est fini, ils en consignent le résultat sur cette pièce qui, revenant à la Balance, est rapprochée des feuilles n° 6, sert de contrôle à celles-ci et suffit pour faire apparaître et rectifier au besoin les erreurs qui pourraient s'y être glissées.

Par suite d'un ancien usage, les marchandises qui étaient déclarées pour l'entrepôt et qui recevaient une autre destination en cours de débarquement, figuraient dans les écritures et étaient considérées, dans la suite des opérations, comme ayant été effectivement entreposées. Ce mode de procéder, outre qu'il s'écartait des règles tracées par les décisions de l'administration des 8 août 1842 et 11 décembre 1849, avait encore pour conséquence de fausser les documents statistiques sur le mouvement des entrepôts. Des inconvénients aussi sérieux ne pouvaient échapper à la vigilance des chefs locaux ; aussi a-t-il été réglé par un ordre de service du 10 novembre 1863 que les marchandises de toute nature déclarées pour l'entrepôt et auxquelles on donnerait une toute autre destination avant que l'entrepôt fut matériellement constitué, feraient l'objet de nouvelles déclarations de débarquement pour la consommation, la réexportation immédiate, l'admission-temporaire, etc., qui annuleraient partiellement ou en totalité, selon le cas, la déclaration primitive d'entrée en entrepôt. Au fur et à mesure que les marchandises sont débarquées et reconnues, le vérificateur applique aux diverses déclarations substituées à la déclaration principale d'entrepôt les quantités qu'elles énoncent et le surplus, c'est-à-dire la quantité allant réellement à l'entrepôt, est seul affecté à cette dernière. Le compte d'entrepôt n'est conséquemment chargé que de cette même quantité.

Je fais suivre ces lignes d'un tableau comprenant les diverses opérations qui se rattachent à la tenue des feuilles n° 6.

TABLEAU N° 4.

Modèle de la tenue des feuilles série E n° 6 (Situation des Entrepôts).
Restant en entrepôt au 31 décembre 186 , 1,200,300 kil.

ENTRÉE.			SORTIE.				OBSERVATIONS.	
QUANTITÉS REÇUES PAR IMPORTATION			QUANTITÉS RETIRÉES					
Directe.	Indirecte, mutations d'entrepôt et transit.		pour la Consommation.	Pour la réexportation			(1) Indiquer le poids net de toutes les marchandises tarifées au poids net ou prohibées à l'entrée.	
	Par mer.	Par terre.		Directe.	Indirecte, mutations d'entrepôt et transit.			
					Par mer.	Par terre.		
Mois de Janvier 186			Café.				Transit international	Déficit.
K°	K°	K°	K°	K°	K°	K°	K°	K°
77,007	2,100	20,000	2,000	5,045	525	1,349	11,500	1,740
80,000	6,100	30,000	450	7,221	1,200	1,451	4,500	132
92,500	»	»	1,000	6,770	1,500	2,000	4,800	500
88,240	»	»	4,250	7,351	3,000	450	18,001	106
125,010	»	»	1,521	4,521	2,500	750	»	201
140,050	»	»	2,500	14,485	3,450	»	»	251
50,000	»	»	4,200	»	»	»	»	252
75,120	»	»	3,225	»	»	»	»	129
12,300	»	»	»	»	»	»	»	39
129,140	»	»	»	»	»	»	»	44
»	»	»	»	»	»	»	»	56
»	»	»	»	»	»	»	»	725
869,367	8,100	50,000	19,146	45,393	12,175	6,000	38,801	4,175

Restant au 1ᵉʳ Janvier 186 1,200,500

Entrées pendant le mois................... 927,467

Total........ 2,127,967

Sorties 125,690

Restant au 31 Janvier 186 2,002,277

Ce tableau ne comporte pas d'explications ; cependant, comme il ne comprend aucun exemple des écritures qu'entraînent les *réintégrations* en entrepôt des marchandises fabriquées en compensation de matières premières, que le commerce ne serait pas en mesure de réexporter dans les délais voulus, je dois ajouter que nous les inscrivons sur les feuilles n° 6, dans la colonne généralement vide, qui a pour titre : *Entrées indirectes par mer*, en ayant soin d'y substituer le mot *réintégration*. Si plus tard, le produit ainsi entreposé passe à la réexportation, le compte ouvert en est déchargé, après quoi le permis relatif à cette opération est remis au service compétent, appelé à le relever aussi. Les produits fabriqués, provenant de matières brutes admises temporairement, que le commerce aurait *réintégrés* en entrepôt, paieraient la taxe applicable, au moment de l'introduction de la marchandise véritablement importée de l'étranger, si ces produits fabriqués passaient à la consommation. (Circulaire du 7 février 1863.)

Dans cette dernière hypothèse, j'estime que, faute d'instruction particulière sur la matière, il conviendrait de procéder de la manière suivante :

Sur les feuilles n° 6, on annulerait purement et simplement l'écriture de la *réintégration ;* et si la matière brute applicable au produit fabriqué sortait primitivement d'entrepôt, on ferait passer la quantité inscrite de la colonne sortie d'entrepôt pour le temporaire, dans la colonne consommation ; le service d'importation n'aurait alors qu'à reprendre au commerce *spécial* l'opération dont il s'agirait.

Si, au contraire, il s'agissait d'un produit fabriqué dont la matière première proviendrait d'un débarquement direct, l'employé de l'importation ne le reprendrait encore qu'au commerce spécial ; de son côté le service des admissions temporaires en déchargerait ses comptes, comme il le ferait s'il était question au cas particulier d'une sortie d'entrepôt dont ses registres seraient chargés.

Quant aux sorties d'entrepôt des matières premières placées sous le régime des admissions temporaires, on les porte sur les feuilles n° 6, faute de case spéciale, à la colonne d'observations en indiquant en tête des relevés : sorties pour les admissions temporaires.

Les quantités de matières brutes ou fabriquées qui se trouvent placées dans les entrepôts et que l'on en retire pour les constructions navales doivent être reprises sur les feuilles n° 6, à la colonne consommation, avec le mot franchise en regard.

Quant aux marchandises sortant d'entrepôt pour le service international par terre, les divers permis qui s'y rattachent ne sont point directement relevés par le service d'exportation ; les employés qui tiennent les feuilles n° 6, ont pour consigne de lui chanter en bloc ces quantités à la fin de chaque mois, ce qui abrége les écritures et en assure la parfaite régularité.

VII

Transbordement.

Le transbordement est une opération qui consiste à faire passer une marchandise, du navire importateur, sur un autre bâtiment en partance pour l'étranger ou pour un port de France, mais sous la condition, pour ce dernier cas, que le transport s'en effectuera sous pavillon français.

Les marchandises ainsi réexpédiées à l'étranger doivent figurer d'abord au commerce général d'entrée et ensuite être reprises en compte au commerce général sur les états de sortie. Les marchandises restant, par exception à bord du navire importateur, suivent le régime des transbordements, en matière de statistique.

Indépendamment des écritures auxquelles donnent lieu ces opérations, le service de la Balance du commerce doit encore les reprendre, dans l'ordre de la nomenclature officielle, sur un carnet spécial par pays de provenance et par pays de destination, afin d'avoir les éléments nécessaires à la formation de l'état annuel des transbordements série E, no 54.

Le dépouillement d'un permis de transbordement s'opère sur l'original quand il parvient à la section des archives commerciales dûment régularisé par le service extérieur.

Pour obvier au désaccord qui existait souvent entre les relevés d'importation et de sortie, le carnet spécial dont je viens de parler, tenu par le service d'entrée, qui fait le premier écriture de ces opérations, a été dressé de manière à ce qu'il fût seul à prendre tout d'abord les quantités de marchandises transbordées, sauf à les chanter mensuellement au service d'exportation par catégorie et par destinations, avec indication du pavillon du navire qui les reçoit.

Grâce à cette innovation fort simple et qui n'augmente en rien les écritures du bureau, nous sommes parvenus à faire disparaître les défauts d'harmonie qui existaient précédemment sur cet objet, dans les écritures d'importation et d'exportation.

Les marchandises transbordées pour un port de France ne doivent point figurer sur les sommiers d'entrepôt, ni par suite sur les feuilles n° 6 ; on les reprend, seulement au port de prime abord, au commerce général d'importation, sauf à en faire écriture, au port de destination, au commerce spécial si elles y sont mises en consommation, ou au commerce général à la sortie si elles y sont chargées pour la réexportation. Les marchandises, expédiées dans ces dernières conditions, font aussi l'objet d'un état particulier série E n° 54 : le recto de la feuille de ce dernier document est destiné à recevoir la désignation des bureaux sur lesquels les marchandises sont dirigées et le verso reçoit l'indication de la douane d'où les marchandises ont été tirées.

Il est d'ailleurs nécessaire de prendre *note sur un carnet* des opérations qui entrent dans ces deux dernières catégories afin qu'on puisse convenablement établir l'état des transbordements.

A Marseille, les marchandises transbordées à destination d'un port de France, sont dépouillées sur le double de l'expédition délivrée qui reste en douane ; de cette manière le service de la statistique peut comprendre dans les écritures mensuelles toutes les opérations de cette nature, et sans attendre le retour de l'expédition qui accompagne la marchandise et qui ne rentre quelquefois au bureau d'expédition qu'un ou deux mois après sa délivrance.

Les tableaux qui suivent ont été dressés dans le but de bien faire comprendre la pratique d'une partie de ce que j'ai développé dans ce chapitre.

TABLEAU N° 5.

Modèle de l'État annuel des transbordements pour la réexportation, série E, N° 54.

DÉSIGNATION des MARCHANDISES.	PAYS de		UNITÉS.	QUANTITÉS.
	Provenance.	Destination.		
Produits et dépouilles d'Animaux. — 3° PARTIE.				
	Possessions anglaises de la Méditerranée.	Italie..........	Kil.	47
		Espagne........	idem.	516
	Italie..........	Turquie.	idem.	192
		États Barbaresq"	idem.	3,438
Soies écrues, grèges ...	Turquie	Italie..........	idem.	200
		Egypte.........	idem.	233
		Autriche	idem.	196
	Indes anglaises	Espagne........	idem.	310
		Italie..........	idem.	500
	Chine	Angleterre......	idem.	4,000
		Italie..........	idem.	618

Il résulte du tableau ci-dessus que, si le carnet spécial qui lui sert de base est tenu d'une manière régulière, la formation de l'état annuel des transbordements devient d'une simplicité tellement élémentaire que je me dispense d'entrer dans toute explication. Cependant je ferai remarquer que l'état dont il s'agit n'ayant point de résumé pour grouper les diverses opérations qui s'y rapportent, il devient inutile d'additionner à la fin de chaque page les diverses quantités qui s'y trouvent inscrites

TABLEAU N° 6.

Modèle de l'État annuel des mutations d'entrepôt par transbordements, série E, N° 54. (Recto).

DÉSIGNATION des Entrepôts sur lesquels les marchandises sont dirigées.	DÉSIGNATION des MARCHANDISES.	UNITÉS.	QUANTITÉS tirées de l'entrepôt par transbordem[ts]	Observations.
Produits et Dépouilles d'Animaux.				
Cette.........	Viandes salées de porc	kilog.	5,000	
Cette.........	Fromages autres	»	17,800	
Nice..........	idem	»	3,000	
Cette.........	Beurre salé...............	»	200	
Cette.........	Peaux brutes fraîches ou sèches, grandes..	»	20,000	
Dunkerque	idem ..	»	40,000	
Cette....	Laines en masse...........	»	6,000	
Havre........	idem	»	45,500	
Agde..........	Suif brut et saindoux......	»	10,000	
Cette.........	idem.	»	55,000	
Toulon	idem	»	60,000	
Cannes.......	idem	»	17,000	
	Total........		279,500	

C'est avec intention que je reprends au tableau n° 7 toutes les quantités par catégorie de marchandises portées sur le présent état. Pour saisir ma pensée, il convient d'admettre l'hypothèse, peu probable, il est vrai, que les divers bureaux sur lesquels les marchandises auraient été dirigées de Marseille, n'auraient reçu, dans le courant de l'année, que le chiffre des quantités mentionnées dans le tableau ci-dessus.

TABLEAU N° 7.

Modèle de l'État annuel des mutations d'Entrepôt par transbordements, série E, N° 54. (Verso).

DÉSIGNATION des entrepôts d'où les marchandises ont été tirées.	DÉSIGNATION des MARCHANDISES.	UNITÉS.	QUANTITÉS ADMISES PAR TRANSBORDEMENTS				OBSERVATIONS.
			à la consommation sans entrer en entrepôt	Dans l'entrepôt.	à l'exportation sans toucher à l'entrepôt.	Total.	
Produits et Dépouilles d'Animaux.							
Marseille.	Viande salée de porc ..	kilog.	5,000	»	»	5,000	
»	Fromages autres.......	»	10,000	7,000	800	17,800	
»	idem	»	1,500	500	1,000	3,000	
»	Beurre salé...........	»	200	»	»	200	
»	Peaux brutes fraîches ou sèches, grandes	»	5,000	5,000	10,000	20,000	
»	idem ..	»	20,000	15,000	5,000	40,000	
»	Laines en masse	»	6,000	»	»	6,000	
»	idem	»	25,500	»	20,000	45,500	
»	Suif brut et saindoux..	»	10,000	»	»	10,000	
»	idem ..	»	25,000	»	30,000	55,000	
»	idem ..	»	60.000	»	»	60,000	
»	idem ..	»	17,000	»	»	17,000	
	Totaux.........		185,200	27,500	66,800	279,500	

Par l'hypothèse admise au tableau n° 6, il est facile de se rendre compte de la relation qui existe entre les deux tableaux n° 6 et 7. Bien que le détail des opérations se présente sous une forme différente, le total du recto doit être parfaitement identique avec le total du verso.

En d'autres termes, il importe que le service de Province donne tous ses soins à la rédaction de ces deux documents, de manière à ce que, s'il plaisait à l'administration de faire la balance générale des quantités de marchandises tirées de tous les bureaux de France, les chiffres accusés par les Douanes d'expédition fussent en concordance avec ceux des bureaux de réception.

TABLEAU N° 8.

Modèle du résumé de l'État des mutations d'entrepôt par transbordements, série E, N° 54.

ENTRÉE (Verso).					SORTIE (Recto).		OBSERVATIONS.
Entrepôt d'où les marchandises ont été tirées.	QUANTITÉS ADMISES PAR TRANSBORDEMENTS.				Entrepôts sur lesquels les marchandises ont été dirigées.	Quantités expédiées sur d'autres entrepôts par transbordement.	
	à la consomma-tion.	dans l'entrepôt.	à l'exportation immédiate.	Total.			
						K°	
Marseille ..	185,200	27,500	66,800	279,500	Agde......	10,000	
					Cette......	104,000	
					Toulon	60,000	
					Cannes....	17,000	
					Nice.......	3,000	
					Dunkerque.	40,000	
					Havre.....	45,000	
	185,200	27,500	66,800	279,500		279,500	

Les deux tableaux en regard, qui précèdent, ayant un résumé distinct et reproduit ci-dessus, il importe de faire les additions des quantités du recto et du verso, en ayant soin de convertir en kil. les quantités qui auraient été relevées à la valeur ou à la mesure, afin de pouvoir s'assurer que leurs produits forment bien les chiffres du présent résumé.

VIII

Admissions Temporaires.

————

Par admissions temporaires on entend les matières premières destinées à être fabriquées ou à recevoir en France un complément de main-d'œuvre et que le commerce s'engage à réexporter ou à rétablir en entrepôt dans un délai fixé d'avance. (Loi du 5 juillet 1836 et décrets des 25 septembre 1856, 4 avril 1857, 25 juillet 1860, 25 août 1861 et 15 février 1862, et circulaires nᵒˢ 467, 640, 737, 746, 820, 847 et 1093.)

Ce bénéfice est applicable à une certaine catégorie de marchandises qui peuvent entrer en France par les bureaux des frontières de terre ouverts à ces opérations, et à toutes les marchandises spécifiées ci-dessus qui sont importées par mer sous pavillon français, ou par navire du pays d'où elles sont originaires ; mais il y a dispense de certificat d'origine pour les puissances qui ont des traités avec la France et quand la provenance est directe. Toutefois le blé et quelques autres produits, parmi lesquels ne sont point comprises les graines oléagineuses et les arachides, peuvent être importés sous tous pavillons.

Le service des admissions temporaires se rattache à la fois aux importations et aux exportations : il tient de l'importation par les matières premières qui doivent être mises en œuvre en France et aux exportations par les produits fabriqués présentés à la sortie du territoire en compensation des objets bruts admis temporairement.

Les matières premières destinées à un complément de fabrication en France sont admises au régime de l'admission temporaire, soit lors de leur débarquement du navire, soit au moment de leur sortie d'entrepôt, quand elles y ont été déposées.

L'employé chargé de ce service dépouille les permis de débarquement sur un registre spécial où ont été reprises nominativement, et dans l'ordre de la nomenclature officielle d'entrée, toutes les marchandises susceptibles d'être admises au régime en question. Il se contente de porter les quantités seulement, au brut ou au net, selon qu'il y a lieu, sans désignation du pays de provenance ni du pavillon du navire importateur, et passe ensuite le permis relevé par lui à son camarade de l'importation auquel appartient le soin de ces indications, lorsqu'il les prend en compte au commerce général

Quant aux marchandises qui sortent d'entrepôt pour passer sous le régime du temporaire, les employés chargés de la tenue des feuilles n° 6, en font seuls écriture, et les chantent, à la fin du mois, au commis principal chargé du service des admissions temporaires, qui les réunit sur ses registres aux quantités déjà dépouillées en débarquement direct. Ce dernier employé ayant à produire, en fin d'année l'état série E n° 48, dépouille seul les quantités de produits fabriqués sortant de France à la décharge des matières brutes admises en franchise provisoire et dispense ainsi le service d'exportation de reprendre en sous-œuvre, et en pure perte de temps, le relèvement de ces permis, dont le nombre varie à Marseille entre 23 et 25,000 par année.

Il a donc été réglé que chaque mois l'employé ferait un décompte de toutes les quantités des différentes marchandises réexportées depuis le commencement de l'année, sur un registre spécial monté comme les registres d'exportation, en suivant l'ordre de la nomenclature de sortie et en comprenant, dans ce même décompte, toutes les quantités réexportées, article par article, quelle que soit la provenance des matières premières ayant servi aux produits fabriqués. Il les chante ensuite par pavillon et total aux divers employés de l'exportation afin que ceux-ci puissent à leur tour en tenir compte lors de l'établissement des feuilles mensuelles 38 B, en déduisant du total des quantités réexportées depuis le 1er janvier de l'année, les quantités chantées les mois précédents, la différence fournit naturellement les chiffres relatifs à la période mensuelle que l'on veut produire.

Pour les farines réexportées, le chantage a lieu tous les sept jours, afin de permettre à l'employé qui rédige l'état hebdomadaire des céréales (*graines et farines*), de pouvoir le fournir à la date prescrite.

TABL

Modèle de dépouillements des réexportations de far

(Mis en usage pour ce s

NUMÉROS des déclarations ou permis d'embarquem^t.	QUANTITÉS SORTIES				BUREAUX d'admission temporaire.		CHANTAGE HEBDOMADA ou transcription des q sur les registres d'exportа		
	PAR NAVIRES			Total.	Marseille.	Toulon.	PAR NAVIRES		
	français.	de la puissance	pavillon tiers.				français.	de la puissance	pа
Destination : **Espagne.**									
	κ°	κ°	κ°	κ°	κ°	κ°			
250	40,000	»	»	40,000	40,000	»			
252	»	20,000	»	20,000	»	20,000			
254	»	50,000	»	50,000	50,000	»			
256	»	40,000	»	40.000	40,000	»			
258	»	60,000	»	60,000	60,000	»			
260	20,000	»	»	20,000	»	20,000			
262	»	»	30,000	30.000	30,000	»			
264	»	100,000	»	100,000	100,000	»			
266	»	20,000	»	20,000	20,000	»			
268	»	»	20,000	20,000	»	20.000			
7 Mai	60,000	290,000	50,000	400,000	»	»	60,000	290,000	5
270	»	40,000	»	40,000	40,000	»	A	A	
272	10,000	»	»	10,000	»	10,000			
274	»	60,000	»	60,000	60,000	»			
276	»	45,000	»	45,000	45,000	»			
278	»	40,000	»	40,000	40,000	»			
280	20,000	»	»	20,000	20,000	»			
282	»	5,000	»	5,000	5,000	»			
284	»	»	20,000	20,000	»	20,000			
286	»	40,000	»	40,000	40,000	»			
288	»	50,000	»	50,000	50,000	»	30,000 B	280,000 B	20
15 Mai	90,000	570,000	70,000	730,000	640,000	90,000	90,000	570,000	70

A. Chantages de la première semaine.
Si, des totaux au 15 mai, on déduit le montant des premiers chantages opérés le 7 mai, les différences B constituent la semaine que l'on veut produire.

Réunion des farines par degrés de bl

30 0/0	150,000 k.
20 0/0	380,000
10 0/0	200,000
Total égal aux farines réexportées	730,000 k.

9.

ovenant de blés froment admis temporairement.

feuilles série E, ·n° 41).

PAYS DE PROVENANCE DES BLÉS FROMENT.								
RUSSIE (Mer Noire).			AUTRICHE.			TURQUIE		
BLUTAGE A			BLUTAGE A			BLUTAGE A		
) 0/0.	20 0/0.	10 0/0.	30 0/0.	20 0/0.	10 0/0.	30 0/0.	20 0/0.	10 0/0.
K*	K°	K*	K°	K°	K°	K°	K°	K°
0,000	»	»	»	»	»	20,000	»	»
»	20,000	»	»	»	»	»	»	»
»	15,000	»	»	15,000	»	»	20.000	»
»	»	20.000	»	»	10,000	»	»	10,000
0,000	»	»	20,000	»	»	20,000	»	»
»	»	10,000	»	»	5,000	»	»	5,000
»	15.000	»	»	»	»	»	15,000	»
»	40,000	»	»	20,000	»	»	40,000	»
»	»	10,000	»	»	5,000	»	»	5,000
0,000	»	»	10,000	»	»	»	»	»
»	»	»	»	»	»	»	»	»
»	20,000	»	»	10,000	»	»	10,000	»
0,000	»	»	»	»	»	»	»	»
»	30,000	»	»	15,000	»	»	15,000	»
»	»	15,000	»	»	15,000	»	»	15,000
»	20,000	»	»	10,000	»	»	10.000	»
»	»	10,000	»	»	5,000	»	»	5,000
»	»	5,000	»	»	»	»	»	»
0,000	»	»	»	»	»	10,000	»	»
»	20,000	»	»	10,000	»	»	10,000	»
»	»	20,000	»	»	10,000	»	»	20,000
0,000	180,000	90,000	30,000	80,000	50,000	50,000	120,000	60,000

Si l'on désire connaître combien représentent de kilogrammes de blé les 380,000 kilogr. ntre, de farine blutée à 20 0/0 on aura à les diviser par 80 kilogr.. et on obtiendra 00 kilogrammes de blé en grains.
Si enfin on veut savoir combien ce dernier chiffre représente d'hectolitres de blé on le sera à son tour par 76 kilogrammes qui est le poids moyen admis pour un hectolitre lé.

4

L'employé aux admissions temporaires ne se sert point des feuilles ordinaires série E n° 41, trop étroites pour toutes les indications que comporte le dépouillement des opérations de ce service ; il emploie les feuilles série E n°. 40, dont il modifie les entêtes.

Contrairement à ce qui se pratique pour le montage des registres de dépouillements affectés aux autres services (le transit de sortie excepté), ceux des admissions temporaires sont ouverts dans l'ordre du tableau des puissances : on dresse autant de registres qu'il peut y avoir de pays de provenance capables de fournir des matières premières destinées à sortir ensuite en produits fabriqués. Ces divers

TABLE

Modèle des dépouillements de produits fabriqués, réexpor

Ouvra

PROVENANCE. — BELGIQUE. — Numéros.	COMMERCE GÉNÉRAL.					MATIÈRES PREMIÈRES.			
	QUANTITÉS SORTIES					Fonte.	Fer.	Tôle.	Massi
	PAR NAVIRES			Par terre.	TOTAL.				
	Français.	de la puissance.	Tiers.						
				Algérie.					
700	46,000	»	»	»	46,000	»	46,000	»	»
720	20,000	»	»	»	20,000	1,000	18,000	1,000	»
725	40,000	»	»	»	40,000	10,000	10,000	10,000	10,0
721	1,000	»	»	»	1,000	»	1,000	»	»
729	2,000	»	»	»	2,000	»	1,000	500	5
730	8,000	»	»	»	8,000	»	8,000	»	»
740	2,000	»	»	»	2,000	»	»	2,000	»
745	3,000	»	»	»	3,000	3,000	»	»	»
748	5,000	»	»	»	5,000	»	»	»	5,0
750	20,000	»	»	»	20,000	5,000	5,000	5,000	5,0
	147,000	»	»	»	147,000	19,000	89,000	18,500	20,5

147,000 k.

registres ayant été ainsi établis par puissances, on reprend subsidiairement, d'après l'ordre de la nomenclature d'entrée et par pays de destination , un compte spécial à toutes les marchandises réexportées en déduction des marchandises provisoirement admises en franchise, tantôt poids pour poids, tantôt d'après un rendement fixé par décrets. (Voir à la fin de ce chapitre, le tableau du rendement obligatoire.) C'est sur le verso de la feuille 40 qu'il est fait écriture, *par pavillon*, des permis de réexportation , en remplaçant ces mots de l'imprimé : Quantités entrées, par ceux-ci : Quantités sorties.

10.

déduction de matières premières admises temporairement.

er, autres.

elle.	Givet.	Jeumont.	Charleville	Valenciennes.	Lille.	Dunkerque	Havre.	Paris.
,000	4,000	10,000	»	»	»	»	10,000	20,000
»	»	5,000	»	5,000	5,000	5,000	»	»
,000	5,000	5,000	5,000	5,000	5,000	5,000	5,000	»
»	»	»	»	»	500	»	500	»
»	»	1,000	500	500	»	»	»	»
»	»	»	»	»	»	»	»	8,000
»	2,000	»	»	»	»	»	»	»
,000	»	»	»	»	»	»	»	»
»	»	»	»	»	5,000	»	»	»
,000	»	5,000	5,000	»	»	»	»	5,000
,000	11,000	26,000	10,500	10,500	15,500	10,000	15,500	33,000

147,000 k.

Les colonnes à côté, restées vides au verso, servent à donner le décompte des matières premières ayant servies à fabriquer le produit réexporté, et leurs correspondantes au *recto* servent à répéter la quantité réexportée, dans la case affectée à la désignation du bureau de douane par où s'est effectuée l'introduction primitive de la matière brute. Ainsi toutes les quantités appliquées aux divers bureaux forment exactement au bas de la page le chiffre des quantités exprimées au total des colonnes comprises sous la rubrique : *Quantités sorties.*

Ce système est adopté pour toutes les marchandises fabriquées qui proviennent des matières premières admises temporairement. Toutefois, pour les farines, il a été modifié à cause du chantage hebdomadaire et du degré de blutage qui leur est particulier. Mais comme je donne deux modèles de tableau dont le premier se rapporte aux farines et le second aux autres marchandises, je me dispense d'entrer dans de plus longs développements.

Si dans quelques douanes, le mouvement de ces sortes d'opérations ne nécessitait pas l'adoption complète du système que je préconise, je conseillerai cependant de s'y conformer partiellement, car j'en ai reconnu l'utilité pour le service, et le surcroît de travail qu'il pourrait demander journellement se trouve largement compensé par les résultats qu'il procure, quand le moment de dresser les états généraux annuels est venu.

Les états d'admissions temporaires ont besoin, pour en rendre possible le contrôle à l'administration, de faire ressortir, par note et pour chaque espèce de produits, quelles sont, sur les quantités exportées, celles imputées sur des soumissions souscrites l'année précédente. (Circulaire lithographiée du 22 décembre 1854.)

L'état série E nᵒ 48 et sa reproduction en entier, qui est appliquée sous d'autres formes à la deuxième section de l'état de transit série E nᵒ 53 bis, présentant à mes yeux de sérieuses difficultés de rédaction, je crois utile d'entrer dans quelques explications sur la manière pratique dont nous procédons, à Marseille, pour établir sûrement ces deux documents :

On ouvre, sur des feuilles série E n° 40, autant de comptes distincts qu'il y a de chapitres dans la nomenclature susceptibles de fournir matière à la réexportation après admission temporaire (A) ; puis sur chacune de ces feuilles on porte (B), par pays de provenance, la matière première admise temporairement, tous les totaux de la même marchandise réexportée, en inscrivant les pays de destination suivant l'ordre de la nomenclature des puissances (C). A côté de chacun des totaux de ces quantités réexportées, on fait ressortir dans le nombre de colonnes nécessaires (D) quelles sont les matières premières qui ont servi à les établir, fonte, fer, tôle, etc., et à côté de ces indications, toujours sur la même ligne (E), on donne, par bureaux d'entrée, les quantités partielles qui forment le total général porté au commencement de la dite ligne ; on a soin, quand le cas se produit, de former le décompte, par bureau (G), des matières premières différentes concourant au chiffre total de chaque bureau.

Au bas de la page de chaque feuille, le total général donne donc, sur une même ligne : 1° (H) la quantité totale de chaque marchandise réexportée ; 2° (K) le chiffre des matières premières, par espèces de matières, ayant servi à établir cette quantité totale ; 3° (M) le total des quantités réexportées par bureau d'entrée des matières premières.

Ces trois totaux doivent présenter un seul et même chiffre. Il suffit pour s'en assurer de totaliser d'une part toutes les colonnes donnant le décompte de la matière première, d'autre part toutes les colonnes par bureaux de douanes d'entrée.

On remarquera que, grâce à la précaution qu'on a prise de fournir pour chacun de ces bureaux le décompte de la matière première, il suffit d'un petit dépouillement, au bas de chacune des colonnes affectées aux bureaux d'admission, pour reconnaître à quelle douane doivent être appliquées les quantités distinctes de chaque espèce de matières premières reprises au compte spécial de ces matières premières.

Un tableau fera mieux comprendre ce mécanisme assez difficile à expliquer théoriquement sans le secours de la pratique.

(A) Ouvrages en fer.

PROVENANCES.	DESTINATIONS.	QUANTITÉS totales.	FONTE.	FER.	TOLE.	BORDEAUX.	MARSEILLE.
B	**C**		**D**	**D**	**D**	**E**	**E**
Suède	Espagne...	1830	1000	400	430	430 tôle.	1000 fonte. 400 fer (G).
	Égypte....	2040	1000	600	440	1000 fonte.	600 fer (G). 440 tôle.
Angleterre.	Italie......	3000	1000	1000	1000	1000 fonte.	1000 fer (G). 1000 tôle.
	Turquie...	4000	1000	2000	1000	2000 fonte. 1000 fer (G).	1000 tôle.
		10870	4000	4000	2870	5430	5440
				10870		10870	
		(H)	(K)			(M)	

	BORDEAUX.	MARSEILLE.
Fonte.....	4000	1000
Fer.......	1000	2000
Tôle.......	430	2440
	10870	

Pour établir l'état série E n° 48, il suffira de faire, par espèces de marchandises, le dépouillement des totaux de chaque douane en tenant compte des matières premières, et ce dernier compte fait, de s'assurer qu'il correspond avec le total des marchandises réexportées et avec le total des matières premières.

Exemple : *État série* E, n° 48.

Ouvrages en fer.

DOUANES D'ENTRÉE.	TOTAL des marchandises sorties.	MATIÈRES PREMIÈRES.	TOTAL des marchandises entrées.
Bordeaux....	5430	Fonte brute.....	4000
		Fer en barres ...	1000
		Tôle............	430
Marseille	5440	Fonte brute.....	1000
		Fer en barres ...	2000
		Tôle............	2440
	10870		10870

Fonte brute.....	5000
Fer en barres ...	3000
Tôle............	2870
	10870

Il reste à établir à l'aide des mêmes feuilles préparatoires, la
partie du travail qui doit être appliquée à la 2ᵐᵉ section de l'état de
transit annuel n° 53 bis, dont il y a lieu de modifier la formule
de l'entête, conformément à la circulaire lithographiée du 22 décembre 1854.

L'ordre à suivre étant celui des pays de provenance de la matière
première, on se reporte d'abord, pour chaque espèce de marchandises, à la première colonne qui indique cette provenance ;
par bureau de douane d'entrée et en suivant l'ordre du tableau
des puissances, on donne à la suite les unes des autres les quantités
partielles afférentes à chaque pays de destination.

Il faut que tous les totaux de toutes les douanes réunies forment le total des quantités réexportées se rapportant au même pays de provenance.

Il faut également que le décompte des matières premières en regard de chaque bureau de douane fasse ressortir ce même total.

Exemple :

MATIÈRES PREMIÈRES.	BUREAU d'Entrée.	PAYS de provenance.	TOTAL des quantités entrées.	DÉCOMPTE des Matières premières.		PAYS de destination.	QUANTITÉS sorties par pays de destination.	TOTAL des quantités sorties.
Fonte , Tôle......	Bordeaux .	Suède....		Fonte 1,000	Tôle 430	Espagne..	430	
						Égypte...	1,000	
			3,870	Fonte 1,000		Espagne..	1,400	3,870
Fonte , Fer , Tôle .	Marseille .	Suède....		Fer 1,000				
				Tôle 440		Égypte...	1,040	

Nota.—C'est le bureau d'admission temporaire de la matière première qui doit être désigné comme point d'entrée. (Circulaire lithographiée du 22 décembre 1854.)

Pour terminer ce chapitre, je le fais suivre d'un tableau du rendement obligatoire des matières premières qui sont le plus usuellement admises au bénéfice de l'importation temporaire :

TABLEAU N° 11.

NATURE DES MARCHANDISES.	ETAT dans lequel les marchandises doivent être présentées.	RENDEMENT OBLIGATOIRE.	OBSERVATIONS.
Blé Froment, sans distinction d'espèce, ni d'origine.............	Farine blutée à { 10 p. 100. / 20 p. 100. / 30 p. 100.	90 p. 100...... / 80 p. 100....... / 70 p. 100......	
Carbonate de potasse..............	Prussiate de potasse rouge .... ou Prussiate de potasse jaune..............	50 p. 100...... / 100 kil. pour 140 kil. de matière première.....	circ. n°s 84 et 104.
Étain brut en saumons..........	Étain en lingots de 1 à 2 kil...........	Il n'est pas alloué de déchet.	circ. n° 2499.
Acier en barres, en feuillards et en tôles brunes laminées à chaud. Cuivres laminés, purs ou alliés d'autres métaux.................. Fers...... { Fonte brute et épurée, dite mazée, ferraille, massiaux......... en barres, feuillards, cornières à T, à double T et autres métaux de formes irrégulières.. En tôles.............	Navires et bateaux en fer, machines, appareils, ouvrages quelconques en métaux produits d'un degré de fabrication plus avancé que les matières importées.	Il n'est pas alloué de déchet.	
Graines.... { de sésame........... de colza.... colza de l'Inde........ de lin...... de Ravison...... Moutarde..{ blanche.. noire....	Huile de sésame..... Huile de colza........ Huile de colza....... Huile de lin......... Huile de ravison.... Huile de moutarde... Huile de moutarde...	50 p. 100...... 36 p. 100...... 36 p. 100...... 30 p. 100...... 19 p. 100...... 33 p. 100...... 34 p. 100......	circ. n° 2218. circ. n°s 2103, 2137. circ. n° 1052. circ. n° 2218. circ. n° 669. circ. n° 421. circ. n° 421.
Arachides'.....................	Huile d'arachide.....	32 p. 100......	circ. n° 461.
Huiles { de graines grasses.... brutes..... { d'olive..............	Huil. de grain. grasses épurées........... Huile d'olive	98 p. 100...... 98 p. 100......	circ. n°s 2103, 2121. circ. n°s 2103, 2121.
Plomb brut	Tuyaux, grenailles et balles .... Litharge ou minium	Il n'est pas alloué de déchet. 105 p. 100.....	circ. n°s 2429, 783. circ. n° 2313.
Suif brut, (graisses de bœuf et de mouton).....................	Acide stéarique, bougies stéariques, chandelles, acide oléique.	100 kil. chandelles ou 100 k. acide stéarique en masse, ou 100 k. de bougies stéariques et 50 k. acide oléique par 100 kil. de suif ...	circ. n°s 158, 204.
Zinc brut ou en saumons..........	Zing laminé	95 p. 100.....	

Constructions navales.

———

Je dois placer ici le régime des constructions navales qui a tant d'affinité avec celui des admissions temporaires, et qu'il ne faut cependant jamais confondre avec elles dans les écritures de la statistique.

Les différences essentielles qui existent entre ces deux régimes, sont les suivantes :

1° Les matières premières seules ont droit au régime de l'admission temporaire, et les acquits ne peuvent être compensés que par des objets fabriqués d'un travail supérieur à l'objet admis à l'entrée, tandis que pour les constructions navales, les produits fabriqués comme les matières premières peuvent être admis à l'importation, et ces produits fabriqués peuvent dès-lors sortir en compensation des mêmes produits admis à l'entrée.

2° Les états de statistique doivent faire figurer seulement au commerce général tous les produits soumis au régime de l'admission temporaire, excepté les sucres bruts, tandis que les produits soumis au régime des constructions navales doivent figurer aux deux commerces.

Les permis d'importation pour les constructions navales sont relevés, en débarquement, par l'employé chargé de ce service et par le service d'importation, et les permis relatifs aux marchandises sortant d'entrepôt, sont relevés : 1° par l'employé chargé des entrepôts qui les passe à la colonne de la consommation, en ayant soin, pour les distinguer, de faire connaître qu'il s'agit de constructions navales ; 2° par l'employé chargé des constructions navales, sur un registre spécial ; 3° par l'employé de l'importation, qui fait ressortir les quantités déclarées au commerce spécial, avec les mots const. nav. en regard, pour indiquer les motifs de l'admission en franchise, quand il y a lieu.

L'employé spécial des constructions navales relève tous ces permis sur un seul registre, en tenant compte du pays de provenance et du pavillon importateur.

IX

Transit.

En matière de statistique, le transit comprend deux catégories bien distinctes d'opérations : Entrée-Sortie. L'entrée qui commence au moment où la marchandise étrangère touche notre territoire, par un bureau de douane.

La sortie qui s'accomplit au moment où cette même marchandise est régulièrement réexportée de France, pour retourner en pays étranger.

Le transit se subdivise lui-même en deux sortes de transit.

L'un se rapporte aux marchandises transportées par charrettes ou fourgons, sur les routes de grande ou de petite communication, c'est le transit ordinaire.

L'autre s'applique aux marchandises confiées aux chemins de fer, sous des conditions définies par l'arrêté du 31 décembre 1848, c'est le transit direct international, *c'est-à-dire avec destination pour l'étranger*.

Il ne suffit pas qu'une marchandise soit transportée par les voies ferrées pour qu'elle soit considérée, en statistique douanière, comme une opération de transit international, il faut encore que le chemin de fer que l'on emprunte soit régulièrement ouvert à ce régime spécial en exécution du règlement intervenu le 8 octobre 1848.

Les chemins de fer partant des stations de bureaux de douane ci-après désignés par lettre alphabétique, ou.y aboutissant, sont les *seuls* qui, jusqu'à ce jour, jouissent du privilége du trafic des marchandises étrangères expédiées sous le régime du service international.

Liste de ces bureaux :

Abbeville — Arles — Baisieux — Bayonne — Bellegarde — Bordeaux — Boulogne — Calais — Cette — Cherbourg — Dieppe — Dunkerque — Feignies — Forback — Givet station — Le Havre — Hendaye — Honfleur — Jeumont — Lille — Longwy — Marseille — Metz — Mulhouse — Nantes — (Paris) : gare de Batignolles, gare du Nord, gare de l'Est, gare de Lyon et gare d'Ivry — Pontarlier — Port-Vendres — La Rochelle — Rouen — Saint-Louis — Saint-Michel-de-Maurienne — Saint-Nazaire — Strasbourg — Thionville — Toulouse — Turcoing — Valenciennes — Vireux — Wissembourg.

Les marchandises étrangères, transportées exceptionnellement par les trains de chemins de fer non ouverts au transit international, sont considérées, au point de vue de notre statistique, comme des opérations de *transit ordinaire*. Lorsqu'il s'agira d'opérations autres que celles de transit par convois internationaux, les déclarations du commerce devront offrir tous les détails exigibles, aujourd'hui, pour les opérations ordinaires d'importation et d'exportation. (Circul. lith. du 22 décembre 1854.)

Les marchandises de transit ordinaire qui entrent sur notre territoire par les frontières de terre ou de mer sont reprises au commerce général d'importation, soit qu'elles retournent directement à l'étranger, soit qu'on les dirige sur un de nos entrepôts.

Le bureau par où s'opère la sortie effective de France en fait état au commerce général d'exportation et celui d'entrepôt qui les reçoit en fait écriture, selon la nature de l'opération ultérieure imprimée à la marchandise. Si elle passe à la consommation immédiate au bureau de destination, on la fait figurer au commerce spécial, *entrée*. (Circulaire imprimée du 8 juillet 1825.) Tandis que si elle va de nouveau dans les entrepôts on la reprend sur les sommiers et sur les feuilles n° 6, dans la colonne entrée indirecte par terre.

Les différentes mesures adoptées par l'administration, relativement aux transports internationaux par les voies ferrées, ont eu pour objet de faciliter les opérations en simplifiant le plus possible les formalités de douane et en accélérant ainsi ces opérations. Les marchandises expédiées sous ce régime, en vertu de l'arrêté du 31 décembre 1848, doivent être affranchies de toute visite à l'entrée, et du moment qu'il a été décidé qu'on ne devait même pas chercher à en connaître l'espèce, il pouvait encore moins être question d'en constater le poids net. (Lettre de l'administration du 4 juin 1860, au Directeur, à Colmar). Toutefois le service de Marseille est parvenu depuis quelques années et *sans aucune pression génante* à mettre le commerce dans l'habitude de faire connaître le poids net ou légal, dans les déclarations de détail qu'il présente pour les marchandises expédiées sous le régime international.

Cette formalité de pure convention, et qui ne retarde en rien le commerce dans ses rapports avec la douane, a pour résultat de ne pas charger inutilement les écritures de la statistique, surtout quand il s'agit de *transit direct*, dont le bureau d'entrée est appelé à en constater tout d'abord, le commerce général, conformément à la lettre de l'administration du 17 mai 1858, et à la circulaire lithographiée du 5 décembre 1859.

Il serait assurément désirable, pour donner aux feuilles mensuelles le degré d'exactitude qu'elles doivent avoir, que les agents de la douane attachés aux diverses stations par où s'organisent les convois de trains de marchandises expédiées sous le régime international, amenassent, peu à peu, le commerce de ces localités, à déclarer le poids net des marchandises, comme on l'a fait à Marseille, quand il y avait lieu.

A l'égard des marchandises déclarées à l'importation pour être dirigées sur d'autres douanes (du littoral, de l'intérieur ou des frontières de terre), une distinction essentielle est à faire. S'il s'agit d'opérations de *transit direct*, le bureau d'entrée doit en faire écriture au *commerce général* ; dans le cas contraire, c'est-à-dire si les marchandises sont appelées à être placées, au lieu de destination, sous le régime de l'entrepôt, sous celui des admissions temporaires ou tout autre, c'est la douane de destination qui doit les prendre en compte. (Circulaire lithographiée des 17 mars 1858 et 5 décembre 1859.)

S'il survenait en cours de voyage des changements de destination qui modifieraient dans un sens ou dans l'autre, la nature des opérations bien distinctes que je viens de définir, la douane d'entrée aurait soin, quand l'acquit-à-caution lui rentrerait convenablement annoté, de retrancher de ses statistiques toutes les quantités qui s'y trouveraient indûment inscrites et reprendrait en compte celles qui, devant y figurer, n'auraient point encore été reprises.

Mais pour éviter les confusions qui pourraient se produire à cet égard, j'ajoute qu'il est d'une *nécessité absolue*, pour la régularité de nos statistiques, que les déclarations des chemins de fer qui doivent accompagner les soumissions acquits-à-caution série T, n° 32 ou 33, soient la *reproduction rigoureuse*, quant à la nature de la marchandise, du poids et de la destination (et elles ne le sont pas toujours), des déclarations en détail que le commerce produit en douane. En d'autres termes, il ne faudrait pas, par exemple, que lorsque le commerce déclare des *tissus de laine en continuation d'entrepôt sur Paris*, les déclarations annexes des chemins de fer indiquassent *tissus de coton en transit pour l'Allemagne* et *vice versa*.

Je suis convaincu que toutes les anomalies que je signale ici disparaîtraient si des démarches sérieuses étaient faites dans ce but, auprès des agens locaux des compagnies des chemins de fer et auprès des autres intéressés, et si les employés de la douane attachés aux gares des chemins de fer s'assuraient que les pièces annexées aux dossiers 31 et 32 ne sont que l'expression exacte des déclarations en détail présentées par le commerce. Il convient toutefois de reconnaître que ces employés recevant en quelques heures un grand nombre de déclarations qu'il faut expédier sur le champ, leur concours dans cette circonstance est fort difficile.

Le transit à la sortie, qui n'est que la balance de l'entrée, comprend le transit ordinaire et le transit international.

Les marchandises expédiées sous le régime du transit ordinaire faisant l'objet d'opérations régulières de visite, au premier bureau d'entrée, le service de la Balance du commerce trouve toujours, dans les expéditions qui les accompagnent, le moyen de les classer convenablement dans les statistiques de sortie.

Quant aux marchandises transportées par les voies ferrées, le bureau de sortie, qui doit les relever, rencontre souvent de sérieuses difficultés pour les prendre en compte dans ses états d'exportation, parce qu'en matière de transit international, non précédé de visite au départ, la douane de destination admet la régularité de l'opération, lorsque le convoi arrive sous plombs intacts.

De cet état de choses, il arrive parfois qu'à défaut de désignation suffisante, les marchandises expédiées par les chemins de fer, sous le régime international, sont reprises au bureau de sortie d'une manière toute autre qu'au bureau d'entrée.

Pour obvier à ces graves inconvénients, par une lettre écrite le 7 juillet 1859, au directeur de Valenciennes, l'administration prescrit au bureau de sortie d'indiquer sur les dossiers 32 et 33 et sur les déclarations annexées, *la destination réelle* donnée à chacune des marchandises auxquelles ces déclarations se rapportent. L'administration recommande d'inscrire aussi, sur ces pièces de chemins de fer qui seraient incomplètes, la *dénomination exacte et le poids de la marchandise, soulignée à l'encre rouge*, sous laquelle le service de la statistique les aura fait figurer sur les feuilles de dépouillement.

Il faut conclure de cette lettre que la douane de sortie n'a pas à rechercher si les déclarations de détail à l'entrée ont été libellées conformément à la nomenclature, et dans l'hypothèse où cette pièce laisserait quelque chose à désirer sous ce rapport, le bureau de sortie ne doit pas renvoyer le dossier au bureau de départ, pour demander un complément de renseignements ; il suffit que la douane de sortie fasse connaître par ses annotations comment elle a relevé dans sa statistique de sortie l'article qui pourra présenter quelque doute, quand les comparaisons prescrites au bureau de départ s'effectueront.

Je note en passant qu'aux termes de la circulaire lithographiée du 22 décembre 1854, tout transport par terre des produits réexportés en représentation de matière première ayant subi une main-d'œuvre doit être considéré comme un fait de transit ; et, comme tel, faire l'objet d'une inscription sur l'état 53 bis (2ᵉ section) dont ladite circulaire a donné le modèle.

Pour la formation régulière des tableaux de commerce, un sérieux intérêt s'attache à ce que les exportations avec prime et les réexportations, soit à la sortie d'entrepôt, soit par suite d'admissions temporaires, opérées par trains internationaux, ne soient jamais confondues avec le transit proprement dit, *au bureau de sortie par terre.* En fait, un acquit-à-caution de transit international comprend collectivement des marchandises importées directement de l'étranger et des exportations avec prime ou des marchandises sortant d'entrepôt, ou provenant des admissions temporaires, lorsque les unes et les autres ont la même destination. Faute d'attention suffisante, des erreurs pourraient se produire dans les relevés à faire de ces marchandises ; mais les pièces dont les acquits-à-caution, du régime spécial, sont accompagnés, permettent de classer convenablement ces marchandises. Ainsi le bureau de *sortie par terre* ne doit relever au *commerce général* que les marchandises de transit, tandis que le bureau d'expédition doit faire tout d'abord état de ces mêmes marchandises à l'entrée et en même temps que celles admises à la prime ou extraites d'entrepôt ou sortant du temporaire. Lorsque le passage à l'étranger s'effectue par la voie maritime, c'est le bureau de destination qui est chargé de les prendre en compte. (Circulaire lithographiée du 5 décembre 1859.)

Enfin, le bureau de sortie, soit de terre ou de mer, doit constater le *commerce général* des marchandises qui y arrivent par des convois internationaux, avec des feuilles récapitulatives d'accompagnement délivrées par une douane de passage, là où aboutit le service international. Ces feuilles rappellent les principales indications des acquits-à-caution des bureaux d'entrée auxquels ces acquits-à-caution sont renvoyés par la douane de passage. Le fait doit se produire quelquefois à Paris.

L'administration a décidé par une lettre écrite, le 10 décembre 1864, au Directeur de Marseille, que les marchandises arrivant de l'étranger sous le régime du service international, que l'on met au dépôt, en attendant le moment de les réexporter, doivent être prises en compte dans les écritures de la balance, *commerce général sortie*. Il résulte de ces dispositions que le bureau de départ doit, lorsque l'acquit-à-caution lui fait retour, considérer les marchandises, en regard desquelles on inscrit le mot *dépôt*, comme étant définitivement réexportées.

Les bureaux de destination frontière, comme les douanes de l'intérieur, doivent prendre en charge, à l'importation, les marchandises qui, venues directement de l'étranger, de quelque point que ce soit, par convois internationaux, restent dans la localité pour y être l'objet d'opérations ultérieures d'admission-temporaire ou d'autre nature ; enfin ils doivent agir de même mais *au commerce spécial seulement,* à l'égard des marchandises qui, extraites d'entrepôt, y arrivent pour être livrées à la consommation après paiement de droits.

Je note, en passant, qu'à l'égard des marchandises étrangères qui sont exemptes de droits à leur entrée en France, notamment les soies grèges et le coton en laine que le commerce expédie en transit direct, par convois internationaux, la douane de sortie effective doit toujours *annoter* le poids net relevé dans ses statistiques.

Il ne suffit pas, en matière de statistique, que la marchandise de simple exportation se relève au poids brut, il faut encore que celle qui transite se relève à l'entrée à cette unité. Or, le coton en laine est taxé au poids net à l'entrée et d'après le tarif de sortie les *exportations* de cette nature doivent être présentées au poids brut. La douane de sortie aurait donc tort de reprendre dans ses écritures de balance au poids brut le coton en laine expédié sous le régime du transit direct.

Les observations qui précèdent sont édictées par la circulaire lithographiée du 24 décembre 1850.

Les pièces annexées aux soumissions acquits-à-caution, nᵒ 31 (feuilles d'origine, factures, déclarations, permis, série M, nᵒ 34 ou autres), doivent être conservées au bureau de destination toutes les fois que les bureaux auront à prendre en compte les marchandises à l'entrée ou à la sortie, (sauf le cas de transit direct, c'est-à-dire lorsqu'il y a destination immédiate pour l'étranger) ; les soumissions-acquits-à-caution et les relevés récapitulatifs série T, nᵒ 31, qui sont délivrés aussi pour certaines opérations, notamment pour les exportations avec ou sans primes, seront seuls renvoyés au bureau d'expédition. Mais lorsqu'au contraire ce sont les bureaux de départ qui doivent faire état des marchandises, les pièces dont il vient d'être question seront renvoyées en même temps que les acquits-à-caution et les relevés n° 31.

Il en sera de même lorsqu'il s'agira d'un transit direct, quoiqu'il y ait alors prise en charge à la sortie aussi bien qu'à l'entrée (circulaire lithographiée du 5 décembre 1859).

L'employé, qui est chargé à Marseille du transit de sortie, dépouille les permis qui se rattachent à ce service sur les feuilles série E n° 40, reliées en registres. Ils sont ouverts dans l'ordre des puissances, prescrit par l'administration, auxquelles on applique, par bureau d'importation, tous les articles de la nomenclature d'entrée, en ayant soin de les espacer, selon leur importance et de manière à pouvoir intercaler facilement les divers pays auxquels les marchandises sont destinées.

Le transit-sortie formant l'objet d'un état particulier, il était indispensable que tous les permis qui s'y rattachent fussent dépouillés séparément ; par suite il devenait inutile de les faire relever en détail une seconde fois par les employés d'exportation proprement dite. Pour remplir cette lacune apparente, chaque mois le commis affecté au transit-sortie, relève, article par article, toutes les quantités des diverses marchandises réexportées depuis le commencement de l'année, sur un registre spécialement organisé d'après la nomenclature de sortie ; il déduit du total des quantités réexportées depuis le 1er janvier de l'exercice, les quantités déjà attribuées aux mois précédents, la différence qui en résulte constitue la période à chanter, par destination ou par pavillon, au service d'exportation qui la prend en compte au *commerce général.*

Pour faciliter autant que possible le dépouillement des vingt-cinq mille permis, environ, qui se produisent de ce chef dans le courant d'une année et surtout pour accélérer la rédaction du volumineux état annuel de transit série E n° 53 bis, *première partie,* les registres affectés à ce service ont été établis d'après le modèle du tableau que je présente ici sous le n° 12.

TABLE

QUANTITÉS SORTIES.

Modèle des feuilles servant aux dépouillements

Pays de provenance : **Association commerciale Allemande.**

Bureau d'entrée : **Jeumont.**

Possessions Anglaises Méditerr.				Espagne.				Italie.				États-Romains		
Numéros.	F.	P.	T.	Numéros.	F.	P.	T.	Numéros.	F.	P.	T.	Numéros.	F.	P.
30	40	»	»											
				32	»	100	»							
								35	150	»	»			

Pays de provenance : **Suisse.**

Bureau d'entrée : **Bellegarde.**

Russie. Mer Noire.				Possessions Anglaises Méditerr.				Espagne.				Italie.		
Numéros.	F.	P.	T.	Numéros.	F.	P.	T.	Numéros.	F.	P.	T.	Numéros.	F.	P.
				30	350	»	»					40	650	»

N° 12.

marchandises de Transit-Sortie (Feuilles série E, N° 40).

uvrages en matières diverses. **Aiguilles à coudre,** ayant de longueur de 4 cent. excl' à 5 cent. incl'.

Développement des pays de destination.

Turquie.				Égypte.				États-Barbaresques.				Chine.			
Numéros.	F.	P.	T.	Numéros.	F.	P.	T.	Numéros.	F.	P.	T.	Numéros.	F.	P.	T.
37	80	»	»												
				42	10	»	»					69	»	»	55

Tissus de coton. Toiles, Percales et Calicots teints.

Développement des pays de destination.

Égypte.				Indes Comptoirs Anglais.				Japon.				Brésil.			
Numéros.	F.	P.	T.	Numéros.	F.	P.	T.	Numéros.	F.	P.	T.	Numéros.	F.	P.	T.
65	800	»	»												
								70	»	»	450				
												75	925	»	»

Il est expressément recommandé par la circulaire lithographiée du 22 décembre 1854, pour la formation de cet état, d'y produire les marchandises tout à la fois sous l'unité adoptée pour les états d'importation et d'exportation et sous celles du poids. Cette circulaire prescrit, en outre, de mentionner dans les divers documents annuels, la force en chevaux vapeur des machines fixes et des machines pour la navigation qui y sont comprises.

Je fais remarquer en terminant ce chapitre que bien que les feuilles série E n° 40 soient étroites, on trouve cependant le moyen d'y inscrire, distinctement, les trois pavillons, parce que les quantités de marchandises de même nature comprises dans un acquit-à-caution de transit, ne vont pas, généralement, au delà de trois unités, et parce que chaque puissance a presque toujours le même pavillon exportateur.

X

Exportations.

———

Parmi les nombreux documents statistiques, concernant le commerce extérieur de la France, que l'administration livre périodiquement à la publicité, celui qui offre le plus d'intérêt général, est sans contredit, l'exportation. En effet, donner au public les moyens d'apprécier l'ensemble des faits commerciaux, se rattachant à notre agriculture et particulièrement à notre industrie, à mesure qu'ils se produisent, c'est faire l'histoire de la richesse de la France et établir ainsi le bilan du surplus des produits que nous ne pouvons consommer et que nous déversons en pays étrangers.

Partant de ce point de vue, il importe de dégager notre statistique d'exportation des critiques d'une nouvelle école qui tend depuis quelques années à la montrer comme une agglomération de chiffres qui ne vont pas ensemble.

Mais au préalable, il convient de bien préciser le point sur lequel porte la critique des économistes qui s'occupent de nos documents.

Suivant leur raisonnement, l'état annuel d'exportation que publie l'administration devrait présenter au commerce spécial les distinctions suivantes : 1° les produits provenant du crû de notre sol et ceux que nos diverses branches d'industrie livrent à l'extérieur ; 2° les produits de toute nature importés en franchise ou avec paiement de droits et que notre commerce revend à l'étranger.

La question ainsi posée, je vais tâcher de démontrer que si l'on avait la faiblesse de les suivre sur ce terrain le document critiqué aujourd'hui présenterait bientôt de telles confusions, par suite de l'impossibilité où se trouverait le service de donner des résultats rigoureusement exacts, que les adversaires de la veille deviendraient le lendemain les plus chauds partisans de la forme actuelle.

Comme premier exemple de ma démonstration de la difficulté qu'aurait l'employé d'attribuer à une provenance étrangère plutôt que nationale, une marchandise que l'on présenterait pour l'exportation, je citerai les garances en racine qui sont admises en franchise n'importe leur provenance et le pavillon importateur. Cette garance en racine importée dans ces conditions subit en France une main-d'œuvre telle, que le commerce nous la reproduit à la sortie en garance moulue. Je demande aux hommes impartiaux s'il est possible qu'un vérificateur de douane puisse certifier que le produit soumis à son examen provient de garances françaises ou de garances étrangères.

Poursuivant ma démonstration au sujet de l'impossibilité où se trouveraient les agents de douane d'appliquer exactement l'origine primitive de la marchandise, je désignerai, comme second exemple, les cocons de soie et les soies grèges écrues ; est-il possible d'exiger de modestes employés des connaissances suffisantes pour déclarer que ces produits ont plutôt les caractères d'origine étrangère que les caractères d'origine française ?

Quel ne serait pas l'embarras d'un vérificateur appelé à reconnaître une expédition d'écorces d'oranger et que l'on obligerait à certifier qu'elles proviennent des orangers de la *Villa Sardou, de Cannes*, ou de celles de la *Villa Borghèse, à Rome !*

Enfin et pour ne pas pousser plus loin les nombreuses difficultés qu'aurait le service de discerner l'origine du produit exporté, je citerai comme dernier exemple les laines en masse qui nous arrivent des Etats Barbaresques et dont la qualité est identique à celle de nos mérinos de Provence ou des Alpes. En conscience, peut-on exiger des agents de la douane qu'ils reconnaissent si ces tontes proviennent du Maroc ou si elles sont de notre produit, alors même que le commerce se prêterait de bonne grâce aux investigations de notre service ; ce concours de l'expéditeur serait fort douteux, car on lui ferait difficilement comprendre qu'une marchandise exempte de droits de sortie, puisse être l'objet d'une vérification qui retarderait d'autant la marche de son opération et tout cela dans l'intérêt seul de la statistique ?

Il suffit je pense de ces exemples pour montrer qu'à l'égard des produits similaires importés en France tout changement dans cette partie de notre statistique est impraticable, et qu'il vaut mieux encore conserver la forme actuellement adoptée que de créer des distinctions impossibles.

Quant aux marchandises non originaires de France, jouissant de la franchise à leur importation, et qui ont sans doute servi de prétexte à ceux qui demandent l'établissement des distinctions entre les marchandises d'origine française et celles d'origine étrangère, la réponse à l'argument qu'on en tire est fort simple, attendu qu'il n'est pas un élève de nos écoles d'adultes qui ne sache que nous ne cultivons pas encore le coton en France ; tous savent que les essences de pins ou de sapins des Landes ne produisent pas la gomme arabique, et personne n'ignore que ce ne sont pas les quelques autruches du Jardin zoologique de Marseille et du Jardin d'acclimatation à Paris qui peuvent fournir les quantités de plumes d'autruche qui figurent chaque année au commerce spécial d'exportation.

Il est toujours aisé aux hommes sérieux qui le désirent, de distraire dans nos documens statistiques la valeur officielle attribuée à ces trois produits et celle des catégories analogues que je pourrais oublier, des valeurs appliquées par l'administration à l'ensemble général de notre commerce annuel d'exportation ; on prétendrait à tort que nous ne les reprenons que dans le but de grossir l'importance du chiffre de nos exportations, puisqu'il est toujours facile à ceux qui le veulent de retrancher cette valeur spéciale de nos documents oficiels.

Les marchands, négociants ou tous autres qui veulent faire sortir de France des marchandises ou denrées sont tenus d'en donner la déclaration dans la forme prescrite et de les faire conduire au bureau de Douanes, à l'exception toutefois des ports de mer où ils peuvent les faire transporter à tel autre endroit, dont il est convenu entre la douane et le commerce, pour y être vérifiées.

L'exportation se compose, comme l'importation, du commerce général et du commerce spécial (circulaire du 8 juillet 1825).

Le commerce général comprend les marchandises françaises ou nationalisées, les réexportations ou sorties d'entrepôt, les produits fabriqués sortant de France en compensation de matières premières admises temporairement, les transbordements de marchandises qui s'opèrent entre le navire importateur et le bâtiment qui les retourne à l'étranger, et enfin le transit d'une marchandise primitivement entrée par un bureau de douane qui ressort de France par un autre bureau, dans un délai déterminé d'avance.

Le commerce spécial ne se compose, au contraire, que des produits français ou nationalisés.

Les marchandises qui forment le commerce spécial à la sortie se subdivisent en trois catégories, savoir : celles qui sont exportées en franchise, celles qui sont soumises à des droits, et celles qui jouissent d'une prime ou drawback.

Depuis l'extension de la franchise à toutes les marchandises exportées (sauf les chiffons et le carton en feuilles de simple moulage ou pâte de papier, qui restent soumis à des droits de sortie et les trois articles qui demeurent encore prohibés), il n'y a plus lieu de tenir compte des dispositions du 5me paragraphe de la circulaire lithographiée du 22 décembre 1854, relatives aux marchandises expédiées sur nos colonies et aux provisions de bord des navires français et étrangers. Tous les produits exempts de taxe d'une manière générale doivent être dépouillés sur les feuilles série E no 41, dans la colonne des quantités exportées avec droit, en ayant soin d'inscrire à la colonne du commerce spécial, le mot *exempt*.

Quant aux marchandises de prime ou drawbach, on doit les faire ressortir au commerce spécial à la colonne qui leur est particulièrement affectée sur les feuilles de dépouillement dont il s'agit.

Les navires français et les navires étrangers, expédiés de France pour l'étranger, sont admis à opérer ou à compléter leur chargement dans plusieurs de nos ports.

En matière de statistique, les ports de chargement doivent faire écriture des exportations avec ou sans prime, ainsi que des réexportations par des navires faisant escale, lorsque les expéditions de sortie y sont définitivement régularisées.

En d'autres termes, toutes les fois qu'un port d'escale n'a point à intervenir pour imprimer un caractère définitif à la constatation d'une opération quelconque d'exportation ou de réexportation, il n'a pas non plus à en charger les comptes de la statistique. Ce soin incombe alors exclusivement au port de chargement. (Circulaire lithographiée du 29 mai 1857.)

Par sa lettre du 6 décembre 1862, au Directeur à Dunkerque, l'administration a décidé que l'on ne tiendrait pas strictement à l'exécution de la restriction posée par la circulaire no 438, du 26 décembre 1856, à l'égard des navires français qui, avec des marchandises de réexportation, embarqueraient des marchandises de cabotage. Ainsi, quand les chefs locaux reconnaîtront qu'il n'existe aucun point de ressemblance entre les marchandises déclarées en cabotage et celles présentées pour la réexportation, l'administration ne désapprouve pas, sur l'autorisation de ces chefs, que les expéditions applicables aux marchandises soient définitivement régularisées par le service du port de chargement, et qu'elles y soient reprises en compte sur les statistiques.

Les morues expédiées sous bénéfice de prime, arrivant d'autres douanes et faisant escale à Marseille où l'exportation est définitivement constatée, doivent figurer sur les états de commerce du port d'escale.

Il est recommandé de reprendre dans le corps même de l'état annuel série E, n° 45, toutes les quantités de morues qui se trouvent dans ces conditions ; on doit avoir soin toutefois, d'en indiquer le chiffre, par bureau d'expédition distinct, à l'aide d'une observation mise au bas de la page de l'état dont il s'agit. (Lettre de l'administration, du 1er juin 1859, au Directeur à Marseille.)

C'est au bureau d'expédition qu'appartient le soin de prendre au commerce spécial et au commerce général les marchandises françaises transportées par les trains internationaux, soit que leur sortie réelle de France s'opère par un bureau frontière de terre, soit qu'elle s'effectue par un port de mer.

Mais la douane de départ, avant de procéder à la prise en charge de ces opérations, doit attendre l'arrivée du bulletin n° 50, que le bureau de sortie effective lui adresse afin d'éviter le double emploi qui pourrait se produire, si l'expédition qui accompagne la marchandise n'était point présentée au port d'embarquement. (Circulaires lithographiées des 17 mars 1858 et 5 décembre 1859.)

La douane de Paris étant appelée, comme toutes les douanes intérieures, à faire écriture, aux deux commerces de sortie, des marchandises françaises qu'elle expédie à l'étranger par les voies ordinaires ou par les chemins de fer, la douane de sortie effective doit envoyer des bulletins n° 50, quand il y a lieu, indépendamment des dossiers série T, n° 31.

Les produits français destinés à sortir sous le régime de la simple exportation et renfermés dans des balles plombées de marchandises de réexportation, par suite d'admissions temporaires, mais expédiées en dehors des transports internationaux, et les pièces en bois ou en cuivre de machines composées, pour le surplus, de métaux importés temporairement, sortant aussi autrement qu'en wagons plombés ; les produits nationaux ainsi exportés, doivent être pris en compte par les bureaux des lieux où s'en effectue la sortie définitive. (Lettre de l'administration, du 26 août 1863, au Directeur à Colmar.)

Il a été aussi réglé, par une lettre du 14 septembre 1864, de l'administration, au Directeur à Perpignan, que les vins mélangés d'alcools expédiés de Port-Vendres à destination de l'étranger et que l'on transborderait à Marseille, seraient reprises en compte à la douane de cette résidence, et que la douane d'expédition n'aurait à relever qu'une opération de cabotage.

Si, en matière d'exportation, des cas identiques au précédent, se produisaient sur d'autres points, on devrait évidemment leur appliquer les dispositions de cette décision. Si des différences existaient entre l'état annuel d'exportation et l'état des sels série O, n° 242, le service de la Balance du commerce aurait à en signaler les causes par une note inscrite au bas de la page (état série E, n° 45.)

Le mouvement commercial entre la France et l'Algérie doit être constaté comme si l'Algérie était une possession étrangère. (Lettre du 6 juin 1851.) Il en doit être de même à l'égard des marchandises françaises expédiées dans nos autres colonies.

Je reprends au tableau qui suit les diverses opérations se rattachant au service d'exportation.

TABLEAU N° 13.

Dépouillements des permis de simples exportations ou de réexportations, feuilles série E, n° 41.

NUMÉROS des PERMIS.	COMMERCE GÉNÉRAL.					COMMERCE SPÉCIAL.				
	QUANTITÉS SORTIES					QUANTITÉS EXPORTÉES				
	PAR NAVIRES			Par terre.	**Total.**	EN FRANCHISE				
	Français.	de la Puissance	Pavillon tiers.			sans primes.	avec primes.			
	Sucs Végétaux.					Huiles fixes pures de graines grasses.				
						Italie.				
	K°	K°	K°	K°	K°	K°	K°			
6 N.	1,500	»	»	»	1,500	1,500	»			
10 N.	»	2,000	»	»	2,000	2,000	»			
2 A. T.	3,000	»	»	»	3,000	»	»			
4 A. T.	»	»	5,000	»	5,000	»	»			
12 N.	»	»	1,000	»	1,000	1,000	»			
2 S. E.	2,000	»	»	»	2,000	»	»			
8 T. O.	»	»	500	»	500	»	»			
25 T. I.	800	»	»	»	800	»	»			
40 T.	1,200	»	»	»	1,200	»	»			
45 T.	»	2,500	»	»	2,500	»	»			
14 N.	500	»	»	»	500	500	»			
	9,000	4,500	6,500	»	20,000	5,000	»			

NOTA.—La lettre N. indique les marchandises nationales exportées.

La lettre T. désigne les transbordements.

Les lettres A. T. indiquent les produits fabriqués provenant de matières brutes admises temporairement.

Les lettres S. E. désignent les marchandises réexportées à la sortie d'entrepôt.

Les initiales T. O. indiquent les opérations de transit ordinaire, et enfin celles T. I. désignent les opérations de transit international.

Par Navire de la Puissance on entend le pavillon qui appartient à la nation pour laquelle la marchandise est destinée, et par Pavillon tiers, le navire étranger qui transporte des marchandises à destination d'une puissance qui n'est pas la sienne.

XI

Cabotage.

—◦◦◦—

Les états d'importation et d'exportation offraient en 1836, à l'administration, les renseignements des questions commerciales qui surgissent habituellement dans le cours de la période annuelle, et qui le plus souvent exigent une prompte solution. Tels qu'ils étaient à cette époque, ces tableaux présentaient une lacune qui privait le commerce des moyens de connaître la nature et l'importance du mouvement des marchandises expédiées sous le régime du cabotage.

Cette lacune, qui ne permettait pas d'embrasser, au premier coup-d'œil, l'importance réelle de chaque port, sous le rapport du cabotage et les principaux points de consommation qu'il alimente, était trop regrettable pour que l'administration n'attachât pas un grand prix à la remplir.

Pour satisfaire à ces divers intérêts, l'administration publia le 30 décembre 1836 la circulaire n° 1595, qui prescrivait la formation du tableau des marchandises nationales expédiées en *cabotage*.

6

Par cabotage on entend en douane les marchandises transportées d'un port de France sur un de nos autres ports.

Nous comptons deux sortes de cabotage : le grand et le petit.

Le grand cabotage s'applique à la navigation d'un port de la Méditerranée à un port de l'Océan et vice versa; par petit cabotage on entend la navigation d'un port à l'autre, dans la même mer.

Le commerce peut expédier sur un même navire des marchandises françaises ou nationalisées et des marchandises en mutation d'entrepôt ou provenant de transbordements ; que celles-ci soient ou non similaires des premières. (Lettre de l'administration du 30 novembre 1850.)

Chaque port d'expédition relève distinctement pour chacun des ports de destination, sur les feuilles série E n° 44 bis, les marchandises ou denrées transportées en cabotage. Chaque douane étant ainsi appelée à présenter le mouvement de sortie par bureau de destination, il en résulte le grand avantage que les divers bureaux n'ont pas à s'occuper du relevé des marchandises arrivant par cabotage; le travail d'ensemble s'opère dans les bureaux de l'administration qui en publie, toutes les années, le résultat.

L'on doit suivre, pour le classement des marchandises, la nomenclature jointe à la circulaire du 18 octobre 1837, n° 1656.

Le commerce ne doit faire usage, pour l'énonciation des marchandises, que des seules dénominations consacrées par le tarif, sauf les modifications indiquées au tableau n° 4, de la circulaire n° 1595.

En matière de cabotage, on relève séparément les marchandises transportées par les navires à voiles et celles qui sont confiées aux bateaux à vapeur. Toutefois il est utile de faire remarquer ici, que l'état annuel du mouvement du cabotage série E n° 45 bis présente *cumulativement les navires à voiles et à vapeur ;* tandis que l'état série E n° 45 ter ne comprend réellement que le cabotage de la navigation à vapeur ; d'où il résulte que si l'on désire connaître l'importance exacte de la navigation à voiles, il faut retrancher de l'état

45 bis les quantités que présente l'état 45 ter; la différence sera naturellement le mouvement du cabotage par navires à voiles.

Le dépouillement des permis de cabotage s'opère sur le double de l'expédition qui reste en douane. Cette pièce doit reproduire fidèlement tous les détails portés sur l'expédition qui accompagne la marchandise. Dans le cas où le service de la statistique ne trouverait pas sur ces doubles d'expédition, toutes les indications qui lui seraient nécessaires, il devrait recourir au carnet de visite et s'éclairer même, au besoin, auprès des expéditeurs des marchandises.

A Marseille, le service du cabotage est confié à un seul employé qui n'a pas moins de 55 à 60,000 permis à dépouiller par année, ce qui ne l'empêche pas de donner à cette partie intéressante de notre statistique toute l'exactitude qu'elle doit avoir.

XII

Feuilles mensuelles.

———◦◦◦———

Avant de renseigner le lecteur douanier sur la manière dont on procède à Marseille à la rédaction des feuilles mensuelles 38 A et 38 B et à tous les travaux qui s'y rattachent, il est, je crois, de quelque intérêt de rappeler sommairement les diverses phases par lesquelles sont passés depuis plus de 40 ans, les documents relatifs aux importations et aux exportations.

C'est à partir du mois de juillet 1825, que les documents statistiques, concernant le commerce extérieur de la France, présentent, à différents points de vue, un intérêt qui depuis lors est allé en grandissant. De cette époque date la création du commerce général et du commerce spécial, mots magiques et inépuisables dans nos discussions économiques et que nous avons conservés dans nos états de commerce.

La circulaire du 24 mars 1831 supprimait les états trimestriels, qu'on avait l'habitude de fournir, et les remplaçait par des états semestriels. Ces derniers à leur tour firent place en janvier 1849 aux états annuels série E n°s 44 et 45, que nous produisons encore et qui n'ont probablement été maintenus en décembre 1862 que pour rattacher le présent au passé.

Indépendamment des états généraux annuels, l'administration demandait, en décembre 1837, aux douanes des départements, de lui fournir, chaque mois, un état des principales marchandises importées et exportées ; ce document répondait largement aux besoins de cette époque ; le 14 décembre 1862, ces états périodiques furent supprimés et remplacés par les feuilles mensuelles.

La création de ces feuilles, qui embrassent distinctement tous les articles des nomenclatures d'entrée et de sortie et qui laissent si loin derrière elles tout ce qui avait paru jusque là en matière de statistique, est d'autant plus heureuse qu'elle se prête admirablement, sans surcroît de travail pour les employés, à tout développement ultérieur de *puissances nominatives* qu'il plairait à l'administration d'y introduire.

Lorsque il y a impossibilité matérielle à ce que le mouvement commercial d'un ou plusieurs bureaux subordonnés soit présenté avec celui de la principalité qui est relatif à la même période, on doit le reprendre le mois suivant dans le compte de cette principalité. Mais il est essentiel que les relevés de décembre comprennent l'ensemble des opérations de l'année, de manière à les rendre aussi complets que possible.

Les marchandises qui, expédiées dans le cours d'une année sous le régime international, n'auraient pas pu figurer sur les feuilles 38 A, doivent être comprises sur les états annuels série E n° 44, avec une annotation indiquant le motif pour lequel les feuilles 38 A n'en faisaient pas mention. (Lettre du 24 décembre 1862.)

En vertu de la circulaire lithographiée du 25 janvier 1863, le service ne doit négliger aucune quantité ; mais si la fraction est inférieure à 50 centièmes, il faut l'abandonner, et si elle s'élève à ce chiffre et au-dessus, il faut la compter pour une unité. Il est encore recommandé, par la même circulaire, de ne pas changer l'unité indiquée sur les feuilles pour chaque espèce de marchandise ; ainsi l'on ne doit pas substituer le kil. au quintal, le litre à l'hecto-litre, ou *vice versa*.

On doit également s'abstenir d'ajouter sur les feuilles, soit des marchandises, soit des pays de provenance ou de destination autres que ceux désignés par l'administration elle-même. Si des additions devaient être faites, l'administration elle-même les demanderait.

Un bulletin 38 n doit toujours accompagner l'envoi des feuilles mensuelles, qui s'opère aujourd'hui le 6 et le 10 de chaque mois pour les deux premières catégories de principalités désignées par la circulaire lithographiée du 14 décembre 1862, et qui a lieu le 6 seulement dans les principalités de la troisième catégorie.

Pour faciliter la formation des feuilles mensuelles d'importation et d'exportation, chaque employé du bureau de la Balance, à Marseille, a une main courante ou cahier monté d'avance d'après les indications que comporte la formule des feuilles ; il y relève les quantités appartenant aux puissances non dénommées depuis le commencement de l'année et les applique aux autres pays. Toute-fois, le service puise sur les états annuels eux-mêmes tous les matériaux nécessaires à la rédaction des feuilles relatives au mois de décembre, au lieu de les prendre sur ces mains-courantes qui deviennent ainsi inutiles pour le dernier mois de l'année. Il est donc naturel que ces feuilles, qui embrassent tout le mouvement commercial des douze mois de l'exercice, se trouvent en parfaite concordance avec les états généraux qui parviennent plus tard à l'administration.

J'expliquerai au chapitre suivant la méthode à suivre pour obtenir un pareil résultat.

Bien qu'à partir du mois d'octobre 1867, les douanes de pro-vince aient dû se borner à faire figurer sur les feuilles mensuelles les résultats d'ensemble du nombre de mois pour lesquels elles sont fournies, je crois cependant de quelque intérêt (dans l'hypo-thèse où l'administration reviendrait à l'ancien système), d'indiquer les moyens mis en pratique pour présenter à la fois les chiffres du mois, les résultats des mois antérieurs, et le total de la période écoulée depuis le commencement de l'année.

Le bureau de la Balance du commerce à Marseille, dans ses arrêtés de fin de mois, ne reprenait pas les mois antérieurs ; ce travail eût été fort long, puisque un article de marchandise a de 20 à 25 provenances ou destinations ; ce bureau faisait suivre ses dépouillements et prenait le total du mois où les additions s'arrê- taient, puis en les groupant ensemble on en déduisait, sur la feuille même, les mois antérieurs et la différence constituait le mois que l'on avait à produire.

On procède encore de la même manière par un décompte tenu sur un cahier spécial, pour établir les états hebdomadaires que l'on fournit à l'administration sur le mouvement des céréales.

Je ne dois pas finir ce chapitre sans dire un mot des avantages précieux que le service de la Balance du commerce retire des feuilles mensuelles pour dresser les renseignements trimestriels néces- saires à l'établissement du bulletin de commerce de l'inspecteur sédentaire ; je prends pour exemple les huiles d'olive importées :

1er semestre.....	3,500,000 kil.
1er trimestre.....	1,700,000
2me trimestre....	1,800,000
9 mois........	4,600,000
Semestre.......	3,500,000
3me trimestre....	1,100,000
12 mois.......	6,000,000
9 mois.......	4,600,000
4me trimestre....	1,400,000

Chaque employé de l'importation et de l'exportation a un cahier sur lequel il ouvre, dans la forme du tableau ci-dessus, tous les articles qu'il a personnellement à présenter.

Au simple aspect de ce tableau, on comprend qu'il suffit de lui appliquer le total des trois, six, neuf et douze mois que présentent les feuilles mensuelles à la fin de ces quatre périodes et d'en soustraire les quantités attribuées aux trois, six, ou neuf mois précédents pour obtenir le trimestre que l'on veut donner.

XIII

Innovations.

Le mouvement des marchandises étant très-considérable à Marseille et les opérations auxquelles il donne lieu se présentant sous des formes excessivement variées, il était prudent de créer des moyens qui permissent au service de la Balance du commerce de pouvoir contrôler les résultats auxquels il est conduit ; il est à craindre que les quantités qui ne doivent s'inscrire qu'au commerce général, aient été reprises en même temps au commerce spécial ou *vice versa*, que celles qui doivent être prises en compte simultanément à deux services, *importation* et admissions temporaires, ne figurent qu'à un seul ; l'objet du présent chapitre est d'indiquer comment s'exécute le contrôle de ces opérations et comment doit être préparé l'établissement des états généraux annuels.

Pour faciliter les comparaisons qui doivent s'opérer trimestriellement entre les divers services de la Balance du commerce, indépendamment des colonnes affectées aux dépouillements d'exportation où s'inscrivent tous les permis relatifs au commerce général ou au commerce spécial (registre de sortie série E n⁰ 41), il en a été créé d'autres, purement fictives, dans les cases restées vides à droite. Ces colonnes reçoivent les points de repère de la vérification et l'on peut, en quelques instants, y puiser les éléments nécessaires pour connaître rigoureusement les quantités provenant des sorties d'entrepôt, des transbordements, du transit international ou des admissions-temporaires. Dans l'ancien système, avant que le contrôle des opérations eût été préparé ainsi, tout travail de comparaison était impraticable ; pour les denrées qui offrent à Marseille un mouvement considérable d'exportation simple et de réexportation, comme les huiles d'olive, par exemple, il était fort difficile, dans les quinze ou vingt pages que présentent parfois les dépouillements relatifs à ce produit pour une seule puissance, de vérifier s'il ne s'était point glissé quelque erreur de la nature de celles que j'ai signalées plus haut.

Des précautions analogues ont été prises pour assurer l'exactitude des résultats du service d'importation pour les blés et autres denrées dont le trafic est fort grand à Marseille ; on fait écriture par provenance, *au verso* de la feuille série E n⁰ 40, de tous les dépouillements qui ont trait au commerce général et au commerce spécial ; et les colonnes du *recto* de la ligne correspondante au *verso*, servent à l'établissement du point de repère ; c'est-à-dire que l'on a ainsi autant de colonnes qu'en comportent les diverses opérations de cet important service : une colonne pour les entrées directes en entrepôt, une pour les admissions temporaires, une troisième pour les transbordements, et enfin une quatrième pour les sorties d'entrepôt.

L'introduction de ces colonnes, destinées à recevoir les éléments de la vérification, a, dans ces dernières années, donné à nos statistiques toute l'exactitude désirable. Afin de mieux faire comprendre ce mécanisme, je place ici trois tableaux qui fixeront les idées sur ce procédé.

TABLEAU N° 14.

Modèle des écritures d'Exportation, servant aux comparaisons entre les autres services de la Balance du commerce (Formule série E N° 41).

COMMERCE GÉNÉRAL.					COMMERCE spécial.	RÉEXPORTATION.	TRANSBORDEMENT.	ADMISSION	TRANSIT
QUANTITÉS SORTIES									inter-
PAR NAVIRES			par	Total.	QUANTITÉS			temporaire.	national.
Français.	de la Puissance	Pavilion tiers.	terre.		exportées.				
Blé froment.					**Espagne.**				
»	300,000	»	»	300,000	»	»	300,000	»	»
»	100,000	»	»	100,000	»	100,000	»	»	»
»	50,000	»	»	50,000	»	50,000	»	»	»
»	150,000	»	»	150,000	»	150,000	»	»	»
20,000	»	»	»	20,000	20,000	»	»	»	»
»	»	»	100,000	100,000	»	»	»	»	100,000
»	»	»	50,000	50,000	»	»	»	»	50,000
20,000	600,000	»	150,000	770,000	20,000	300,000	300,000	»	150,000
				N	M	B	L		D
				Italie.					
100,000	»	»	»	100,000	»	100,000	»	»	»
50,000	»	»	»	50,000	»	50,000	»	»	»
»	50,000	»	»	50,000	»	50,000	»	»	»
»	100,000	»	»	100,000	»	»	100,000	»	»
»	200,000	»	»	200,000	»	»	200,000	»	»
»	»	10,000	»	10,000	10,000	»	»	»	»
150,000	350,000	10,000	»	510,000	10,000	200,000	300,000	»	»
				N	M	B	L		
				Suisse.					
»	»	»	100,000	100,000	»	»	»	»	100,000
»	»	»	50,000	50,000	»	»	»	»	50,000
»	»	»	50,000	50,000	»	»	»	»	50,000
»	»	»	200,000	200,000	»	»	»	»	200,000
				N					D

Modèle des écritures d'Importation, servant aux comparaisons entre

COMMERCE GÉNÉRAL.				COMMMERCE SPÉCIAL.				
QUANTITÉS ENTRÉES				QUANTITÉS MISES EN CONSOMMATION				
PAR NAVIRES			Total.	Par navires français au droit de		Par navire étrangers au droit de 50 cent.		Décime des droits qui en sont passibles.
Français.	de la puissance	pavillon tiers.		Quantités	Droits perçus.	Quantités	Droits perçus.	
Blé froment.				**Russie (Mer Noire).**				
200,000	»	»	200,000	»	»	»	»	»	»	»
150,000	»	»	150,000	»	»	»	»	»	»	»
»	»	»	»	»	»	»	300,000	1,500	»	300	»
»	»	»	»	»	»	»	400,000	2,000	»	400	»
»	»	»	»	»	»	»	100,000	500	»	100	»
»	»	600,000	600,000	»	»	»	»	»	»	»	»
»	200,000	»	200,000	»	»	»	»	»	»	»	»
»	»	100,000	100,000	»	»	»	»	»	»	»	»
350,000	200,000	700,000	1,250,000	»	»	»	800,000	4,000	»	800	»
				Turquie.				
»	»	600,000	600,000	»	»	»	»	»	»	»	»
100,000	»	»	100,000	»	»	»	»	»	»	»	»
»	»	»	»	»	»	»	400,000	2,000	»	400	»
»	»	»	»	»	»	»	200,000	1,000	»	200	»
150,000	»	»	150,000	»	»	»	»	»	»	»	»
»	»	400,000	400,000	»	»	»	»	»	»	»	»
»	»	300,000	300,000	»	»	»	»	»	»	»	»
»	»	400,000	400,000	»	»	»	»	»	»	»	»
»	100,000	»	100,000	»	»	»	»	»	»	»	»
»	»	300,000	300,000	»	»	»	»	»	»	»	»
250,000	100,000	2,000,000	2,350,000	»	»	»	600,000	3,000	»	600	»

La réunion (**E**) des quantités entrées en entrepôt, donne le chiffre du tableau n° 16 (**F**)
accusées par le tableau n° 16 (**H**) comme étant sorties d'entrepôt pour la consommation,
rant les chiffres (**K**) du présent et ceux du tableau n° 14 (**L**) on les trouve encore en rapport
je viens d'établir pour faire comprendre le mécanisme innové pour les comparaisons

Nᵒ 15.

les autres services de la Balance du commerce (Formule série E nᵒ 40).

ENTRÉES en ENTREPÔT.	ADMISSIONS TEMPORAIRES.	TRANSBORDEMENTS POUR LES PORTS.		SORTIES D'ENTREPÔT.
		Français.	Étrangers.	
200,000	»	»	»	»
150,000	»	»	»	»
»	»	»	»	300,000
»	»	»	»	400,000
»	»	»	»	100,000
»	600,000	»	»	»
»	»	»	200,000	»
»	»	»	100,000	»
350,000 E	600,000	»	300,000 K	800,000 G
600,000	»	»	»	»
100,000	»	»	»	»
»	»	»	»	400,000
»	»	»	»	200,000
150,000	»	»	»	»
400,000	»	»	»	»
»	300.000	»	»	»
»	400,000	»	»	»
»	»	100,000	»	»
»	»	»	300,000	»
1,250,000 E	700,000	100,000	300,000 K	600,000 G

Si l'on procède de la même manière pour savoir si les quantités (G) forment les quantités
est encore aisé de s'apercevoir que les chiffres sont parfaitement identiques. En compa-
Je ne poursuivrai pas plus loin cette démonstration, et j'espère qu'il suffira de celles que
trimestrielles entre les divers services du bureau de la Balance du commerce.

TABLEAU N° 16.

Situation d'Entrepôt. — Feuille de dépouillement série E n° 6, servant d'éléments pour les comparaisons d'entrée et de sortie.

ENTRÉE.			SORTIE.					OBSERVATIONS.
Quantités reçues par importation			Quantités retirées					
DIRECTE.	INDIRECTE Mutation d'entrepôt et transit		pour la Consommation.	POUR LA RÉEXPORTATION				(1) Indiquer le poids net de toutes les marchandises tarifées au poids net ou prohibées à l'entrée.
				DIRECTE.	INDIRECTE Mutation d'entrepôt et transit			
	par mer.	par terre.			par mer.	par terre.		TRANSIT international.
Blé froment.								
200,000			300,000	100,000				100,000
150,000			400,000	50,000				50,000
								100,000
600,000			100,000	50,000				»
100,000			400,000	100,000				»
								50,000
150,000			200,000	50,000				»
100,000			»	150,000				»
								50,000
1,600,000 F			1,400,000 H	500,000 A				350,000 C

Si l'on veut rapprocher le chiffre (**A**) du présent tableau des quantités qui figurent (**B**) à la 7ᵐᵉ colonne du tableau n° 14, il est facile, en réunissant par pays de destination les quantités réexportées, de reconnaître que le mouvement de sortie d'entrepôt des blés froment est bien en rapport avec celui qu'accuse le registre de dépouillement, série E n° 11.

Si l'on désire se rendre compte du chiffre (**C**) qui représente les blés expédiés en transit international à la sortie d'entrepôt, il est encore facile, en additionnant (**D**) les totaux de la dernière colonne du tableau n° 14, de s'apercevoir que la réunion des deux quantités forme bien le chiffre du trafic accusé par les Entrepôts (feuille série E n° 6).

Cette innovation rencontrera sans doute quelques contradicteurs ; il paraît en résulter un surcroît de travail, et, par ce motif même, plus d'un employé à Marseille jugeait impraticable cette création des moyens de contrôle, au moment où elle fut organisée ; mais les avantages que l'on retire de ce prétendu surcroît de travail, sont tels, qu'aujourd'hui les employés seraient les premiers à résister, si l'on voulait leur enlever ces moyens, qui sont devenus la base de l'exactitude de leurs dépouillements. J'insiste donc auprès de mes camarades pour qu'ils n'hésitent pas à mettre ce système en pratique ; je suis convaincu qu'ils ne tarderont pas à en reconnaître les bons effets.

Depuis quelques années, pour réaliser à court délai la production des états annuels d'importation, d'exportation, de transbordements et de cabotage, on entreprend, dès le 15 du mois de novembre, la formation des cadres de ces documents qui n'embrassent pas moins de dix-huit cents pages pour les minutes et leurs copies. Ce travail préparatoire procure de grands avantages pour l'établissement définitif des états annuels ; il s'opère toujours au vu des registres de dépouillements qui présentent, à cette époque avancée de l'année, le mouvement de presque tous les articles des nomenclatures d'entrée et de sortie, ainsi que les diverses provenances ou destinations.

En fin d'année, tous les employés arrêtent les registres dont ils sont chargés, et portent les quantités et les droits afférents, quand il y a lieu, sur les cadres préparés ainsi d'avance. Si, depuis l'établissement de ces cadres, il est survenu un accroissement d'articles de marchandises ou quelque provenance nouvelle, ce qui est toujours fort rare, on les intercale à leur place.

Il est inutile de démontrer ici que ces intercalations n'ont jamais assez d'importance pour détruire le grand profit que l'on retire du travail préparé.

On peut ainsi achever promptement les états annuels dans lesquels on trouve tous les éléments nécessaires à la rédaction des

7

feuilles mensuelles du mois de décembre, fournies à l'administration du 6 au 10 janvier de chaque année ; en conséquence les mains-courantes deviennent inutiles pour le dernier mois.

Immédiatement après l'achèvement complet des états et avant le premier envoi des feuilles relatives au mois de décembre, les employés chargés de l'importation, s'occupent de l'état de développement, destiné à la cour des comptes ; chacun d'eux travaille aux chapitres qui lui sont attribués ; cet état, qui est vérifié d'une manière très-scrupuleuse par le chef de la section, devient ainsi un des moyens de contrôle les plus efficaces, pour l'exactitude de la statistique d'entrée.

De leur côté, les employés du service de l'exportation procèdent à la formation de leurs états généraux et, lorsque ce travail est terminé, ils en vérifient les résultats en réunissant, par articles et par destinations, les quantités (B. L. D.) que l'on a fait ressortir (tableau n° 14) dans les colonnes servant de points de repère ; le total de ces diverses quantités ajoutées à celles que présente le commerce spécial (M) doit évidemment être égal au total (N) du commerce général, accusé par l'état annuel série E n° 45.

Pour bien indiquer en quoi consiste la préparation des états généraux annuels, à partir du 15 novembre, je place ici deux spécimens de ce travail ; l'un se rapporte à l'état d'importation et l'autre à l'état d'exportation.

TABLEAU N° 17.

Modèle de l'état annuel d'Importation (Série E n° 44).

DÉSIGNATION DES MARCHANDISES.	PROVENANCE.	Pour le développement des autres colonnes, voir la formule série E n° 44.
DENRÉES COLONIALES.		
	Pays-Bas.	
	Villes Anséatiques.	
	Angleterre.	
	Possess' Anglaises Mediterr.	
	Portugal.	
	Espagne.	
	Italie.	
	Turquie.	
	Égypte.	
Café.............	Côte Occidentale d'Afrique.	
	Autres pays d'Afrique.	
	Indes. Comptoirs Anglais.	
	États-Unis. Océan Atlantiq.	
	Guatemala.	
	Venezuela.	
	Brésil.	
	Haïti.	
	Indes. Comptoirs Français.	
	Martinique.	
	Réunion.	

TABLEAU N° 18.

Modèle de l'état annuel d'Exportation (Série E n° 45).

DÉSIGNATION DES MARCHANDISES.	DESTINATIONS.	Pour le développement des autres colonnes, voir la formule série E n° 45.
BOISSONS.		
	Russie. Mer-Noire.	
	Angleterre.	
	Autriche.	
	Italie.	
	Turquie.	
	Égypte.	
	Côte Occidentale d'Afrique.	
	Possessions Angl. d'Afrique (Partie Orientale).	
	États-Unis. Océan Atlantiq.	
Boissons fermentées. { Vins ordinaires en futailles et en outres.	Brésil.	
	Uruguay.	
	Rio-de-la-Plata.	
	Possess' Angl.d'Amér.Nord.	
	Algérie.	
	Guadeloupe.	
	Martinique.	
	Réunion.	
	Sénégal { Saint-Louis. Gorée.	
	Cayenne.	

XIV

Conclusion.

En mettant sous les yeux de mes camarades l'analyse des instructions qui depuis quarante ans réglementent notre statistique, j'espère avoir suffisamment facilité leur tâche. J'espère avoir, en même temps, donné le moyen à mes lecteurs étrangers à l'administration, de consulter avec fruit nos nombreux documents sur les faits commerciaux ; j'espère avoir prouvé que ces documents méritent la confiance qui leur est généralement accordée.

Les employés apportent la plus grande attention à dépouiller rigoureusement même les plus petites quantités de marchandises ; les contrôleurs, dans les grandes douanes, révisent, dans une large mesure, l'exactitude de ces relevés ; les inspecteurs et sous-inspecteurs reçoivent de l'administration la recommandation expresse de vérifier le service de la statistique ; tous ces soins ne peuvent aboutir à faire de nos documents commerciaux un tissu d'erreurs et de mensonges.

Aux affirmations qui tendent à discréditer les résultats de notre statistique douanière, nous répondons par l'exposé sincère et détaillé des procédés par lesquels l'exactitude est poursuivie minutieusement, par lesquels la vérité est atteinte.

Je ne doute pas que les personnes qui étudieront ces procédés avec impartialité ne fassent elles-mêmes justice de la critique amère dont nos documents statistiques sont l'objet.

Bien que mon traité sur la statistique des douanes n'ait aucun caractère officiel, je me suis cependant appliqué à n'y recommander que les pratiques réglementaires qui sont admises dans l'administration des douanes, afin que cette étude puisse servir de guide aux employés ; le même désir m'a conduit à entrer dans de nombreux et arides détails, qui m'ont paru indispensables pour ne laisser dans l'ombre aucune partie du sujet.

Ai-je atteint le but que je m'étais proposé ? Le commerçant, l'industriel trouveront-ils dans ce traité un enseignement sur ce qu'ils peuvent demander à la statistique administrative, l'employé du service des bureaux y trouvera-t-il les moyens de simplifier et d'améliorer le travail qu'on attend de lui ? Si j'ai échoué, il me restera le regret que des voix plus autorisées ne se soient pas élevées pour répondre à des questions présentant quelque intérêt et pour le commerce et pour l'administration.

FIN.

TABLE DES MATIÈRES.

ERRATA :

Page 47. Avant dernière ligne; *lisez* : céréales (grains et farines).

Page 52. Seconde ligne ; *lisez* : matières premières ayant servi à fabriquer.

Page 66. Sixième ligne ; *lisez* : le poids de la marchandise, soulignés à l'encre rouge, sous lesquels.

Page 74. Dernière ligne ; *lisez* : d'écorces d'orange et que l'on obligerait à certifier qu'elles proviennent des oranges de la villa.

Page 79. Douzième ligne ; *lisez* : que l'on transborderait à Marseille seraient repris.

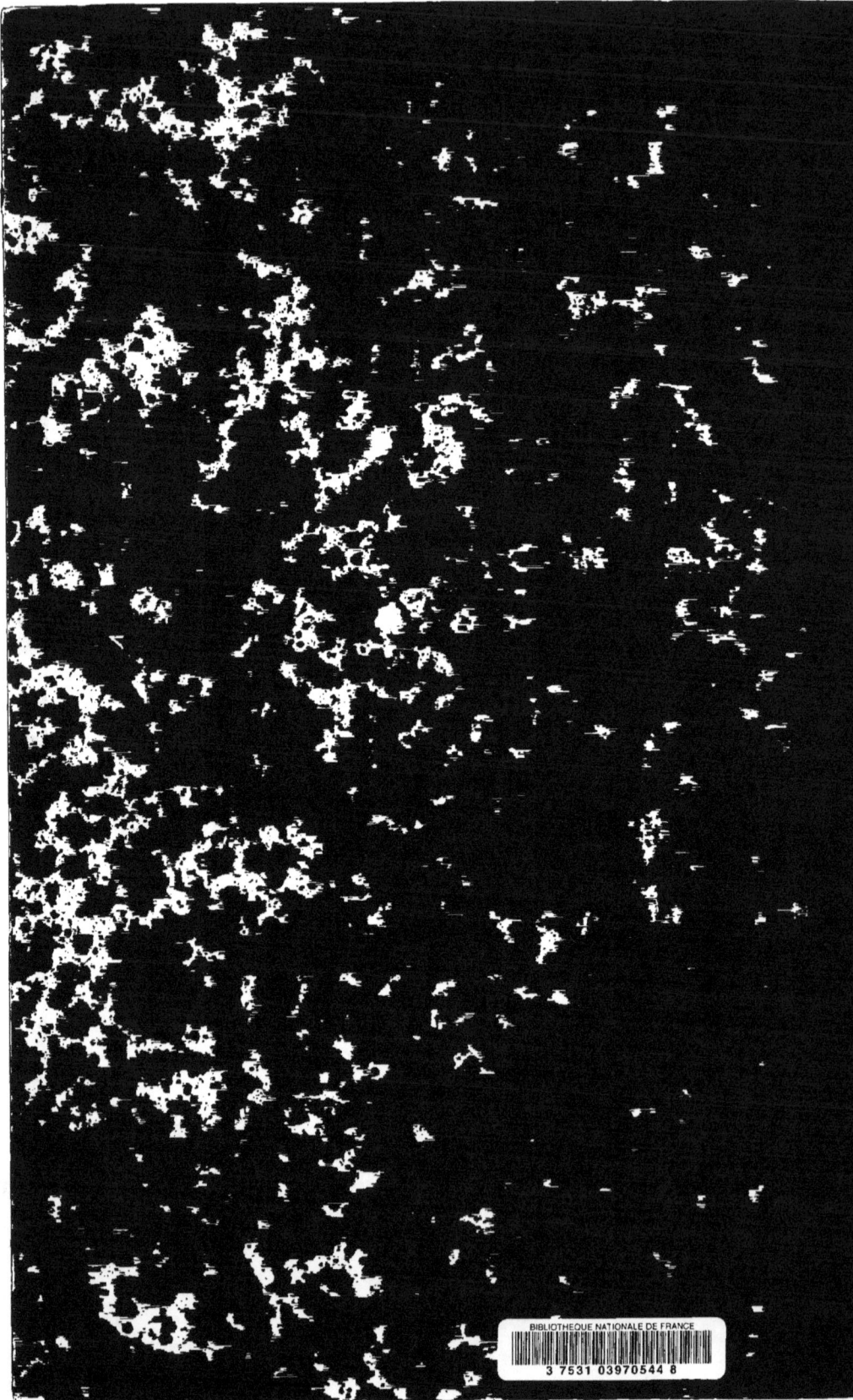

www.ingramcontent.com/pod-product-compliance
Lightning Source LLC
Chambersburg PA
CBHW071459200326
41519CB00019B/5793